ビール15年戦争
すべてはドライから始まった

永井 隆

nbb
日経ビジネス人文庫

はじめに

二〇〇一年は、日本の産業界にひとつのエポックメーキングが起きた年である。一〇〇年を超える歴史をもつビール産業で、リーディングカンパニーが入れ替わったのだ。一九五四年から実に半世紀近く首位の座に君臨して、一時は六割を超えるシェアを誇っていたキリンビールが二位に転落。逆に、八〇年代には存亡さえ危ぶまれたアサヒビールが、首位に立った。

きっかけは、八七年に当時は業界三位だったアサヒが発売した「スーパードライ」の大ヒットである。これにより〝ビール戦争〟が勃発していく。先進工業国の近代産業史において、ビールのような伝統的な分野で首位が逆転するケースはそうざらにはないはずだ。

一九八七年から二〇〇一年までの一五年は、日本人がバブル勃興とその崩壊、そして「失われた一〇年」という経験を辿った期間である。日本人の価値観をはじめ、ビジネスマンの働き方や取り巻く環境、組織と個人との関係なども、様変わりした一五年でもある。

ビールも、そして九四年にサントリーにより開発される発泡酒も、生活者に密着した商品の代表といえよう。仕事帰りに、家庭で、さらには商談の場で、ビール・発泡酒は登場する。ビール商戦の動向は、日本人のライフスタイルの変化を映し出しているといっても過言ではない

一缶にすれば、三五〇ミリリットルの液体に過ぎないビール・発泡酒だが、その業界の男（女）達はこの一缶にすべてのエネルギーを投入して戦ってきた。

本書は、一五年におよぶビール四社の戦いを再現しながら、強さの本質や、組織や個人が変わるための条件などを提示していく。失われた一〇年を乗り越えて、新しい時代を切り開く勇気と元気とを本書から汲み取っていただければと思う。

登場するのは会長、社長といった経営者ばかりではなく、ミドル、さらには現場の開発や営業の担当者まで幅広い。大いなる変化の時代における戦いのなかで、男（女）達は何を獲得して、何を失い、そしてどう思ったのか――。

ここでひとつだけ言えることは、今日までの勝者は決して強者ではないということ。勝利と栄光しか知らない者は、変わることができないという決定的な弱さを内包している。大きな変化の波に呑まれれば、どうすることもできなくなっていく。逆に負け続けている者は、変わることに対して柔順である。負けながら強くなることはできる。問題は、度重なる敗北から、人間が、そして組織が何を感じて何をつかむかにかかっているといえよ

う。何もつかめなければ、負けながら本当に終わってしまう。

そもそも、「生きる」という戦いにおいて〝終戦〟は存在しない。ビール業界首位の交代は、決して終戦ではなく、各社の攻防のひとつの通過点でしかないだろう。戦いの場も、日本市場ばかりではなくなった。いまやこぞって中国に進出しているほどである。形や場所を変えながら、新しい戦いはいまも継続中だ。

なお、本書で表している会社別のシェアは九〇年までが販売シェアを、九一年以降はより正確な出荷（課税）ベースのシェアを使っている。これは、ビール各社が課税の対象となる出荷量の公表を始めたのが、九二年からという経緯にもとづく（九一年の年間シェアは九二年二月に各社が自主的に課税出荷量を発表しているため、これを採用した）。

また、登場していただいた方々の敬称を省略させていただいたことを、この場でお断りしておく。

二〇〇二年六月

永井　隆

目次

第1章　消費者が飲みたいビールが日本にはなかった

第2章　〝ドライ戦争〟は一人勝ち

巻末資料　1985年以降発売のビール・発泡酒全銘柄

〈アサヒ、キリン、サッポロ、サントリー〉

第1章　消費者が飲みたいビールが日本にはなかった

かつてのトップメーカーが見た〝地獄〟

幕引き役として送り込まれた男

現在のビール戦争はドライ戦争から始まると言っても過言ではない。火をつけたのはもちろんアサヒの「スーパードライ」。このスーパードライを発売して、アサヒ再建の立役者とされているのが樋口廣太郎であることは広く知られている。

樋口は一九二六年生まれで京都大学経済学部を卒業して、住友銀行に入行。副頭取まで上るが、八六年に経営危機に直面していたアサヒに送り込まれ、社長として大ヒット商品を生んだ。

樋口が、会長に退いた後の九六年七月、筆者に次のように語ったことがある。

「俺がアサヒビールに来た本当の理由は、再建のためじゃないんだ。本当はな、幕引きをするために、俺はアサヒに乗り込んだんだ。磯田さん（一郎・住友銀行＝現在は三井住友銀行＝元頭取）が、佐治さん（敬三・サントリー元社長）にアサヒの売却を申し入れたんだが、話がまとまらなかった。もはや、万策尽きて、磯田さんは、俺を幕引き役としてアサヒに送り込んだ。これが真相だ」

「だけど、実際に来てみると、住銀以上に、アサヒには優秀な人材がたくさんいた。（占領時代の）昭和二四年（一九四九年）に、過度経済力集中排除法で大日本ビールは、アサヒとサッポロビールに解体された。つまり、ビール産業とは、製鉄（翌昭和二五年には同法から日本製鉄が解体、八幡製鉄と富士製鉄などに分かれる）と同様にGHQ（連合国軍総司令部）から見ても日本の最先端産業だったんだから、優秀な奴が集まるのは当たり前だな。

そこで、会社を閉じる前に、いっちょやってみたら、これがうまくいったんだ」

樋口はいつも、重要な話を平然と話す。しかも、快活に、明るく、楽しそうに。気がつくと、彼が放つ強烈なオーラの渦に巻き込まれている自分を発見することが、一度や二度ではなかった。

樋口の後を受けて、九二年九月から九九年一月まで社長を務めたプロパーの瀬戸雄三（現取締役相談役）は、樋口について「とにかく頭の回転が速い人」と評し、また幕引きの事実については「そうした事実は、あったでしょう」と認めている。

旧住友銀行は、一九八〇年代までは経営不振に陥り沈みかけた企業を再建、あるいは救済、もっと具体的に表現すれば〝何としても潰さない〟ための施策を打つ銀行として知られていた。その手法は、優秀な住銀行員を問題企業に派遣する。それでもダメな場合はライバル社と合併させて、最悪である破綻を回避させていた（間接金融を中心に戦後の成長を遂げた我が国の産業界では、銀行の支配力は絶大で、一方で銀行にとっても、取引先が潰れるという事態は信用に関わる大問題だった。いまでは信じられないが）。

古くは、プリンス自動車の日産自動車への合併（六六年）、安宅産業の伊藤忠商事への合併（八〇年）。さらにはオイルショックに直撃されたロータリーエンジンのマツダ（当時は東洋工業）、大昭和製紙、イトマン（その後破綻）などは人材派遣やアライアンスにより再建した。

最後に残っていた救済先がかつての名門、アサヒビールだった。

アサヒに住銀から人が派遣されたのは、七一年に住銀副頭取だった高橋吉隆が社長になったのが最初。以来、延命直松（元住銀常務）、マツダ再建に加わった村井勉（同副頭取）、そして樋口と四代にわたって社長に就いた。

もっとも、高橋が派遣された背景には、実は救済とは別の事情があった。

ある機会に、やはり樋口が筆者に説明してくれたことがある。

「アサヒがサッポロとの合併を目指したため。ちょうど、（前年の七〇年に）八幡と富士が合併して新日鉄ができた。ならば、同じように過度経済力集中排除法で解体されたアサヒとサッポロも合併できるのではと、アサヒが住銀に高橋さんの社長就任を要請した」

高橋は、アサヒとサッポロに分かれる前の大日本ビールで社長を務めていた高橋竜太郎の長男。サッポロ社内には高橋を「坊ちゃん」と呼んだ役員も当時は多かったという。だが、両社の調整はつかず、合併作業は不調に終わる。また、一九六三年、さらに六六年にも両社の合併問題は表面化したものの、流れた経緯があった。

つまり、アサヒとサッポロは、キリンが圧倒的な強さを有していく過程で、幾度となく合併を画策していたのだ（ちなみに大日本ビールは、サッポロは東日本中心、アサヒは西日本中心と、工場や支店が主に地域で分割された）。一方、銀行出身の社長となってからのアサヒは、〝ナイアガラの滝〟と揶揄《やゆ》されるほどの凋落を示す。

大日本ビールがアサヒと日本ビール（現在のサッポロ）に分かれてから四年が経過した五三年にはシェア三三％と、キリン、サッポロとほぼ並んでいたが、これが、七一年には一七・八％に落ちていて、村井が社長に就いた八二年には九・九％、さらに樋口がアサヒに転じる前年の八五年には過去最悪の九・六％にまで落ち込んでしまう。

しかも、八〇年代半ばにはビールは成熟商品とされていて、市場の拡大は見込めないと思われていた。当初、合併を主導する目的から社長を送り込んだ住銀は、アサヒを救済せざるを得ない立場になってしまう。

だが、救済するための〝最後の一手〟だった合併は、サントリー社長の佐治敬三に断ら

れてしまう。樋口自身が日本経済新聞に連載執筆していた「私の履歴書」によれば、八四年半ばに、

〈磯田一郎会長がサントリーの当時社長だった佐治敬三さんに業務提携の話を持ちかけた。佐治さんは「水に落ちた犬に棒を差し出すのは無謀だ」とたとえ話をして、やんわりと断ったそうだ〉（二〇〇一年一月三日付）

とあるが、実際は業務提携ではなく合併だった。

サッポロとの合併工作はすでに失敗していた。また、キリンはこのころ六割を超えるシェアを持っていたため、独占禁止法によって、これ以上シェアが上がると会社を分割しなければならないという危機に七〇年代中途に直面した経験があった。とてもではないが、シェアアップとなる合併など話にならない状況だった。

八一年にはアサヒは従業員五〇〇〇人削減というリストラを実行。八五年二月一日には吾妻橋工場（東京都墨田区）を閉鎖して、その土地を墨田区に売却（その後買い戻して本社ビルを建設する）したり、群馬県東部の邑楽町に一〇年にわたり有していた広大な工場建設用地の多くを富士通系のアドバンテストに売ってしまうなど、資産の切り売りを急いでいた。

自主再建の切り札として送り込んだ（七〇年代の）マツダ再建の功労者、村井をもってしてもアサヒのシェアは伸びるどころか、落ち込んでしまう。もはや住銀としてもアサヒ

を清算するしか選択の余地はなかった。

さて、新聞をはじめマスコミ報道では、アサヒは二〇〇一年のビール・発泡酒商戦で、一九五三年（昭和二八年）以来、「四八年ぶりにシェアトップに返り咲いた」とある。だが、正確にはこれは事実ではない。なぜなら、五三年にアサヒはトップに立っていなかったからだ。

各社の社史に記されている資料によれば、五三年の出荷量（課税移出数量）は、アサヒが一二万三九八六キロリットル、キリンは一二万三六四六キロリットル。しかし、サッポロは一二万四四〇一キロリットルとアサヒを四一五キロリットルの僅差で上回っていたのだ。この当時は三社体制にあり、三社の合計数量は三七万二〇三三キロリットルとなる。これをシェアに直すとアサヒは三三・三二七％。サッポロが三三・四三八％でシェアトップだった。

したがって、地獄を見たアサヒが四八年ぶりに首位を「奪還」したのではなく、初めて首位を「奪取」したというのが正しい。

もっとも、五三年まではビールの主原料である大麦には、「庫出量」と呼ばれる割り当てが三社に対し行われていた。つまり、一種の統制であり、「五三年は三社均等に割り当てられた」（アサヒ幹部）。シェア差は小数点以下であり、現在のような細かな数字は発表していない時代である。しかも、統制のもと原材料は三等分されていたのだから、アサヒが「首位」と断言してもおかしくはない。五三年入社の瀬戸雄三などは、「私が入社したときは、アサヒはトップメーカーだった」と、副社長時代から話していた。

ポイントは「五三年にはトップだった」とする意識が、八〇年代半ばまでの長期低落と〝地獄〟とを招いたことで、八七年のスーパードライ発売以降の拡大期ではやがて「首位奪還」が人心を掌握する大テーマ、そして目標になった点だろう。

ある事実（と思われていたことも含め）に対し、組織をいかに一枚岩にしていくかは、とりわけ復活していく過程では経営に求められていく、ということの証左でもある。また、目標に対し一枚岩になれたアサヒは、それだけ素直な社風の会社であったことを物語ってもいる。しかし、後述するが、現実には復活に向けての過程で、一時は解決不能と思えるほどの難問が、アサヒ内部にも発生していく。

軒先を貸したら母屋を取られた

「来年でいいやろ。今年は無理をすることない。来年は黙っていても、アサヒを抜いて三位や」

一九八五年一一月。当時サントリー社長だった佐治敬三は、ビール事業部門の幹部を前に、こんな指令を出していた。

結局、八五年のビールシェア（販売ベース）はアサヒ九・六％に対しサントリー九・三％で終わる。ちなみに、キリンは六一・四％、サッポロは一九・七％だった。四社を合わせた販売量は約三億六六九五万箱（一箱は大瓶二〇本入り）で、二〇〇一年のビール・発泡酒市場の規模と比べれば、ほぼ三分の二に当たるボリュームだ。わずかに〇・三ポイント差だが、もっと正確に表すと、アサヒは九・五五二％に対してサントリーは九・三三六％。販売量はアサヒの三五〇五万箱に対し、サントリーは三四二六万箱。量的な差は僅か七九万箱しかなかった。

ということは、佐治がその気にさえなれば、年末にかけて出荷してしまうことは十分に可能な量だった。なのに、「来年でいいやろ」と断をくだした背景には、やはり、佐治が磯田からの〝依頼〟を断ったことが大きかったのだろう。佐治はアサヒのメインバンクである住銀が、もはやアサヒが手に負えなくなっていることを知っていた。

ビジネスの世界は、勝負の世界だから、〝もしもあの時〟は禁句である。が、あえて、この禁句を使うなら、時計の針を一九八五年一一月に戻し、もしもあの時、サントリーが八〇万箱を出荷していたなら……最下位に落ちたアサヒは立ち直ることがかなわず、八七年のスーパードライの大ヒットも、その後に続くビール戦争そのものも発生しなかった可能性は高い。事実、「サントリーに抜かれて、最下位に転落していたなら、アサヒは終わっていただろう」と話すアサヒ首脳は多い。

佐治の決断は即時に全社に伝えられたが、ビール研究所で商品開発に従事していた中谷和夫は、「抜けるときには、やはり抜くべきじゃないか」と素直に思った。中谷はこの時三七歳。京都大学大学院（修士）で工業化学を修めたが、主に酵素について研究、七四年にサントリーに入社した。ビール基礎研究部門に一〇年間勤務して、この間には発泡酒の試作研究も行っていた。八五年一一月はちょうど研究所の基礎研究部門から商品開発部門に異動になったばかりだった。

サントリーがビール事業を始めたのは一九六三年（正確には再参入。戦前の一九二八年に既存のビール会社を買収して「オラガビール」などを製造販売したが、シェアは伸びなかった。三四年に工場を売却してビール事業から撤退した）。中谷が入社した七四年のシェアは「五％前後でしたが、毎年〇・五％ぐらいずつシェアを伸ばしてました」。中谷ら、サントリー技術陣にとっての最大のテーマは、生産効率アップにあった。最後発であるサントリーのビール工場は八二年開設の利根川ビール工場（群馬県千代田町）を入れても、東京・府中、京都の三工場だけ（二〇〇三年春に熊本ビール工場が稼働開始）。限定された設備でシェアを上げるためには、醸造期間の短縮など技術力を最大限に生かすしかなかったのだ。

後に日本で初めて商品化される発泡酒の研究を、中谷が命じられたのは、入社二年目の七五年。しかも、現在流通している発泡酒と同じ、麦芽構成比率が二五％未満のタイプを研究対象としていた（ちなみに、日本の酒税法では水とホップを除く原料に占める麦芽の割合が、六七％＝三分の二以上をビールとしている。六七％未満は雑酒発泡酒）。少ない麦芽の量での酵母の働き、発酵の状態などについて研究したのだが、その延長線には生産効率の向上があった。

六三年にサントリーがビールに参入したとき、アサヒ社長だった山本爲三郎はサントリーと業務提携して、サントリービールをアサヒ系列の特約店（問屋）で扱うことを認めた（発表したのは六二年一二月）。スーパードライ発売以前は、顧客よりも流通やメーカーの支配力の方が強かったため、酒屋で客が「ビールをください」と言うと、例えば、キリン系特約店の息のかかった酒屋ならば、自動的にキリンが出てきたという具合だった。一方、例えば「サッポロの黒ラベルをください」と申し出る客も少なかったうえ、キリンの場合、酒販店が一般家庭にケースを宅配してシェアを上げていった。

特約店の数はここ数年減り続けているが、現在は全国に約一四〇〇社。このうちアサヒを主に扱っているのは約六〇〇社、キリン系は四五一社、残りはサッポロ系だ。

サントリーが参入した六三年のアサヒのシェアは二五・一％。これに対してキリンは四七・九％。問題の八五年は、九・六％のアサヒに対して、キリンは六一・四％と六倍以上もの差がついていた。

とりわけ、宝酒造がビールから撤退した六七年を経て、アサヒに住銀出身社長が就く七一年からは、多少の変動があるもののアサヒとサントリーのシェア合計は約一八%、キリンが六〇%強、サッポロが二〇%前後と、三系列でシェアが固定化されてしまう。つまり特約店を川上とする流通における支配力の差が、そのままメーカーシェアに直結していたのだが、唯一変動していたのがアサヒ系。一八%という固定化されたシェアのなかで、サントリーが伸びて、アサヒが減るという流れが出来上がっていった。

「アサヒは軒先を貸したら、母屋を取られた」などと、業界内部では面白半分に言われてもいた。アサヒ特別顧問である薄葉久は「山本さんは、アサヒのためという発想ではなく、ビール業界全体の発展を考えて、サントリーと業務提携したのです」と語る。薄葉は、五六年に山本から入社面接を受けた経験をもつ。

ちなみに現在は、ディスカウントストア、スーパー、コンビニエンスストアといった、八五年当時にはほとんど力がなかった新しい業態の流通チャネルの割合が、例えばキリンは五五%（二〇〇一年）を占める。これら新業態の店頭では、消費者が自分の好みのビールや発泡酒を自由に選択する。したがって現在は、特約店の力の差がメーカーシェアを決める構造にはない。後述するが、メーカーや流通ではなく消費者が自ら、好みのビールを選ぶきっかけとなったのは、実はスーパードライが先駆けだった。

現在、アサヒビール執行役員担当本部長という肩書きを持つ二宮裕次（酒類事業本部マーケティング・企画統括担当）は、当時の自社の惨状を次のように説明する。

「八五年はアサヒにとって、まさに崖っぷちでした。そして地獄でした。ビールは当時も今も、居酒屋などの業務向けが三割で、家庭向けが七割の消費構成です。しかし、八五年当時のアサヒは業務用七、家庭用三の割合だったのです。八五年の当社のシェアは九・六％ですから、家庭で飲まれるアサヒビールのシェアは三％弱。正確には二・八％でした。

当時のアサヒは、自動販売機をたくさん設置していた。でも、自販機ではほとんど売れなかった。この売れない自販機分と、アサヒの社員や関係会社の社員が消費している分を差し引くと、家庭向けは二・八％どころではなく、実態は一％を切っていたのです。ビールが一〇〇本あっても、一本にも満たない。一般のお客様からは、まったく支持されず、これはもう、存在そのものがないのと一緒でした。存在価値がない会社は、いつ消えても不思議ではなかった。

こうなった最大の原因は、同じ特約店でサントリーを扱っていたためでした。一方、ボロボロのアサヒを支えていたのは、居酒屋やスナック、バーなどの業務向けをつないでいた営業の力でした」

現社長の池田弘一などは、「あの当時、『俺達は退職金をまともにもらえるだろうか』、『その前に、俺達の定年まで会社は持つのか』などと、同僚と心配していたくらいに落ち込んでいたんです」と打ち明ける。

池田は一九四〇年生まれだから、最悪の八五年は四〇代半ばの、まさに働き盛りだった。五〇年生まれの二宮にしても、人生これからという時期に当たる。

しかし、アサヒ首脳が異口同音に言うのは、「状況は最悪なのに、なぜか社内は明るかった」という点だ。「仕事は辛くとも、毎日飲みに行ってたんです。ビールという酒がもつ勇気のようなものに支えられていたのかも知れません」と二宮は語る。

池田は「アサヒの良いところであり、悪いところでしょうが、みんなあっけらかんとしてました。飲みにいけば、上司の悪口ぐらいは言ってましたけど、陰湿じゃなかった。どんなときでも明るいのは、アサヒの社風でもあります。悪いときに、会社や自分を〝こんなものだ〟と決めつけては終わりです。厳しいときには、まずは明るく振る舞い、そして、無理をしてでも、〝俺はできる〟と自信を持つことが大切」と最悪のときの人間としてのあり方、さらには組織のあり方について示唆する。

会社の捨て石となった男達

もっとも、最悪のときというのは、きれいごとですべてが処理されるわけではない。現実には、こんなことがあった。あるアサヒのライバル社の組合幹部、倉橋洋一（仮名）が赤坂にあるスナック「R」にたまたま立ち寄ったときのことである。

Rはビール各社の組合幹部が、よく利用する店だった。木製の扉を開けると、やけに明るく賑やかな一団がいる。覗いてみると、アサヒビール吾妻橋工場の組合幹部の面々である。「よお」と倉橋が声をかけると、「おう」と返答があり、会社は異なるが倉橋も一団に混じって飲み始めた。

中森明菜の歌が流れ、別のテーブルからは若い女性の嬌声が時折上がる喧噪のなかでも、オジサンたちの席は異様なほど盛り上がり、どこまでも明るかった。「あの時はこうだったよな」などという想い出話ばかりなのに、みなが腹の底から笑う。倉橋は彼らのテンションに追いつけない自分を感じていたが、勢いに押されて楽しくビールを空けていた。

三〇分が経過したとき、幹部の一人が、

「実は俺達、アサヒを辞めなければならないんだ」

と、他人事のように平然として話した。

「そう、倉橋さんと飲むのも、これが最後だよ。高校を出てビール一筋、吾妻橋工場一筋、ほかには何もできない人間でございます」

と、別の幹部がふざけながら続くと、席は再びドッと沸く。


吾妻橋工場の閉鎖に伴い、アサヒの社員には大きく分けて二つの選択肢が会社から提示された。出向を含めた転勤か、あるいは希望退職か、である。会社は社員全員と面接を行ったが、これは形式上のもので、実際には組合執行部が組合員一人ひとりと面談して本音を聞いた。

「お前のところは、子供が来年高校生か。じゃあ無理だよな……」

「親の面倒を見なきゃならないのか、それじゃ仕方ないよな……」

「どうしても辞めたくないのか。分かるよ。人間なら、誰だって働いていたいよな……」

結局、会社が予定した希望退職の数に達しなかったため、執行部のメンバー自身が希望退職を選択したのだそうだ。

淡々と説明してくれた幹部が、最後に言った。

「でもさあ、俺達がビールをつくっていたということを、倉橋さん、覚えていてくれよな」

「そう、俺達みたいなバカヤローが、一生懸命になって日本のビールを支えてたこと、あなたは忘れないでくれよ」

「まぁ、そんなことでさあ、今日は大いに飲もうよ。ライバル会社だけど、倉橋さんがいてくれて嬉しいよ」

再び、笑い声が飽和した宴会が再開される。

倉橋は二〇分間だけ、辛抱した。だが、もはや忍耐も限界に近づいていた。

「すまない、今日は子供の誕生日だった。帰ってやらないと、待っているから……」

簡単に嘘と見破られる話しか組み立てられない自分の想像力を、倉橋は悲しく思った。

「すぐに帰ってやらなきゃ。子供が可哀想だよ。子供はいくつ？　何人いるの？　そう…それから、今日の勘定はいいから。最後ぐらいカッコつけさせて」

倉橋が扉を開けて、振り返ると全員がこちらを見て軽く手を振っていた。いつものようなさりげない挨拶だった。無精ひげの素晴らしい男達。

店を出て、歩き始めると倉橋は涙が溢れてとまらなくなった。

「何であんないい奴らが辞めなきゃならないんだ。なのに、何であいつらあんなに明るいんだよ」

工場の組合幹部もみな、家族をもっているはずだ。だが、彼らは会社を守るための捨て石にあえてなった。いや、ならざるを得なかった。

千鳥足の男、肩を組んで歩く男女、客を見送る和服のママさん、点滅するネオンに、タクシーのクラクション……赤坂の日常的な光景が、涙を拭おうともせず一ツ木通りをフワフワと歩く男の存在を、夜の底へとかき消してくれていた。

なお、樋口が社長になりスーパードライがヒットしてから、リストラで退職した社員をアサヒは再雇用もしている。ただし、その日、Rで飲んでいた男達がどれだけ会社に戻ったのかは倉橋には分からなかった。

アサヒは最悪の状況だっただけに、八四年に磯田から合併要請があっても、佐治が断ったのは頷ける。

ちなみに、サントリーは、一九八〇年にペプシコーラの在米ボトリング会社を買収（その後、九八年のペプシコーラの日本国内販売のきっかけでもある。これを主導したのは佐治信忠現社長）、八三年にはフランス・ボルドーの名門シャトー（高級ワイン醸造所）であるシャトーラグランジュを買収した。ほかにもシンガポールの食品会社や中国の連雲港市のビール会社など、八〇年代から九〇年代まで積極的なM&A（企業の合併・買収）を展開する。だが、これは海外に限られていて、現在まで日本国内では目立ったM&Aはしていない。

「刺身に合う」ビールをつくれ

阪神優勝という〝神風〟

崖っぷちに立たされていたアサヒに予想外の〝神風〟が吹いたのは一九八五年のことである。

八五年といえば、野球ファンなら誰でも知っていると思うが、阪神タイガースが二一年ぶりに奇跡的な優勝を遂げた年である。阪神がフランチャイズにしている西宮市の阪神甲子園球場は、その頃はアサヒビールしか販売していなかった（現在も専売に近い）。

このシーズンの阪神は、バース、掛布、岡田のクリーンアップを中核に据えた打撃のチーム。終盤に逆転する劇的な試合が多く、甲子園球場は連日満員だった。詰めかけた六万人の大観衆は、みなアサヒビールを飲み大声で応援し、そして興奮していた。

球場外でも、アサヒは「がんばれ！ 阪神タイガース」という缶ビールを古くから販売している。八五年は、阪神が最下位に終わった二〇〇一年のほぼ四倍も売れた。

前出のサントリーの中谷は、本州最南端の町である和歌山県串本町出身である。京大に進学したのは町で彼一人だけだった。都会の進学校のような受験の〝効率〟を教えてくれる教師も予備校もなく、ひたすら基礎から自分一人で勉強した。この時の受験勉強の手法は、入社後の発泡酒の研究にも通じるのだが、受験勉強中の中谷を癒やしてくれたのは、吉田や村山ら猛虎軍団の活躍だった。「だから、とても複雑な心境でした。阪神が勝つのは嬉しい反面、アサヒビールが売れるのはサントリーとしては困るから」。

この当時、アサヒの大阪支店長だった瀬戸は「全社的には最悪でしたが、大阪は売れに売れて、毎日忙しかった。どんなに、情勢が悪くても、何かいいことはあるものです」と、振り返る。

いずれにせよ、阪神の奇跡は、二年後のもうひとつの奇跡につながる呼び水を生んでいたのだ。

ビール戦争が熾烈化する八〇年代後半以降は、メーカーによるいわゆる「押し込み」が目立つようになるのだが、こうした現象はビール業界特有のものではない。

昭和五〇年代に勃発したバイクの〝ＨＹ（ホンダとヤマハ発動機）戦争〟のときには、街に五〇ccバイクが溢れ、自転車よりも安い値段で取り引きされた。九七年に、国内販売台数八〇万台の目標を掲げていたホンダは、この年の年末にかけて強引に流通に押し込んでしまう。これにより、ディーラーが自ら新車を登録する自社登録車が増え、これらは「新古車」として中古市場に流れた。商品の価値が落ちると同時に流通は疲弊して、九八年にはホンダは販売台数を落としてしまう（その後は、ストリーム、フィットなどがヒットして、再浮上していくのだが）。バブル経済崩壊後の九〇年代半ば頃から、「シェアよりも収益重視」などと声高に叫ばれるようになるが、多くの日本企業はまだまだシェア至上主義から抜けきってはいない。

何よりシェアは分かりやすい。日本企業にとって、シェアとは一種の業とも言えよう。したがって、「来年でいいやろ」という佐治の決断自体は、決して誤りではなかった。むしろ、理性的な経営判断だったといっていい。メーカーがシェアを優先するあまり、需要以上の供給を流通に対して行うと、流通段階に大量の在庫が発生してしまうからだ。その結果、問屋や小売は、在庫処理に苦慮するのだが、流通が在庫を抱えている間は、メーカーも生産を抑えていかなければならないうえ、やがては値崩れを起こしていく。特に、鮮度がうまさに直結するビールの場合は、酒屋のバックヤードに長期間保管されると、それだけ味は劣化してしまい、消費者はまずいビールを飲まされてしまう。

株式を上場していないサントリーはビール事業を始めた一九六三年から、直近の二〇〇一年まで、実は一度としてビール事業を黒字化させたことがない。アサヒとのシェア差

○・三％に急接近した八五年も赤字だった（一方のアサヒはこの年なぜか黒字）。八五年の決算月はアサヒはいまと変わらない一二月だったが、サントリーは三月だった（現在は一二月決算）。赤字の事業なのに、期末でもない期半ばで押し込むのにも無理があったはず。むしろ、無理をせずに、計画通りに増産さえしていけば、自然と三位の座はむこうからやってくる。

いや、三位確保以上に、佐治が目指していたのはビール事業の黒字化だったのではなかったか。当時は「シェア一〇％を取れば黒字」とされていた。後にアサヒ社長を務めた樋口も、「この決算月の違いが大きかった。三月で計算したら、負けていたはず。いや、事実上は負けていたと言ってもいい」と漏らしたことさえある。現在のアサヒ社長である池田も、「あのときには、事実上サントリーに負けていたと言っても過言でない」と告白する。

「水に落ちた犬」を抜き去ることよりも、まずはシェア一〇％を取り、事業を黒字化する。そうすれば、自ずと三位は見えてくる。目先を追わなかった佐治の経営判断は、正しかった。

ヒットに向けた五年間の助走期間

だが、理性的で正しい判断が、いつも好結果を生むとは限らない。

八六年の一月七日に、住銀から樋口がアサヒに顧問として乗り込み、三月二八日には社長に就任。前年の一〇月に導入宣言したＣＩ（コーポレート・アイデンティティ）を主導した前社長の村井は会長に退く。トップ交代と前後して、二月にはそれまでのビールをリニューアルした「コクキレビール」と呼ばれる「新アサヒ生ビール」が発売されたが、これが予想以上に売れた。

ＣＦにはプロゴルファーの青木功とジャンボ尾崎を起用。「コクがあるのにキレがある」というコピーも受け、八六年のアサヒは販売量を一二％も伸ばし、シェアも一〇・一％と大台に引き戻した。

現会長の福地茂雄は、この時を振り返り「昭和二八年（一九五三年）以来、三三年ぶりにシェアが上がったんです」と話す。数字だけをたどれば、多少上がった年もあった。だが、浮上する実感を味わったのは、福地にとっては五七年の入社以来初めての体験だったのかも知れない。

一方、アサヒを抜くはずだったサントリーも、この年は健闘した。シェアは〇・一％落として九・二%だったが、販売量は四・三%前年を上回った。何より、三月に発売した麦芽一〇〇%ビールの「モルツ」は、一八五万箱を販売。この年に一番売れた新商品だったばかりでなく、過去に遡っても新商品の業界記録だった。

だが、この年（八六年）、もはや〝地獄〟のはずだったアサヒの社内で、ある商品プロジェクトが動き始めていた。

「さっきは怖かったか」

前出の薄葉（当時はアサヒビール技術開発部長）は、社内電話をとると、受話器の向こうからゆっくりと話す嗄れた声に、再び緊張を覚えたが、「は、はい、怖かったです……」と、素直に答えた。電話の主は社長の樋口だった。

ほんの三〇分前、薄葉は役員会に呼ばれ、居並ぶ役員を前に樋口から、烈火のごとく罵倒されていたのだ。

「データや理屈などどうでもいい、その刺身に合うビールの現物を早くもってこい」

「いいか、ごちゃごちゃしたマーケデータなんてものは役には立たねぇんだ」

「机上で考えるな、現場主義に徹しろ」

「貴様、技術開発部長だろう。やる気あんのか！」

五〇歳を過ぎていた薄葉は、教師から叱られる小学生のように呆然と立ちつくしていた。血の気が引き、冷や汗が噴き出してきた。

一九三四年生まれの薄葉は、栃木県北部の進学校、大田原高校から北海道大学農学部に進学。五七年にアサヒに入社し、生産技術畑を歩み、福島工場の初代工場長を経験した後、八二年から技術開発部長を務めていた。子供の頃から学力が優秀で、大人になってからもコースを順調に歩んできただけに頭ごなしに怒られた経験などなかった。

自分を可愛がってくれている会長の村井に視線を送ろうかとも考えたが、そんなことをしたら村井に迷惑が及ぶ。

「大変な社長が、銀行からやって来たものだ」

頭の片隅で考えながら、樋口の叱責に俯きながら耐えた。

役員会議室を後にすると、薄葉は京橋本社から、日本橋の三越までそのまま歩いていき、下着を買った。三越のトイレで新しいシャツに着替えて、再び自席に戻ったところで、樋口からの電話を受けた。

「さっきは済まなかったな。だが、俺はお前たちのビールに期待しとる。松井（康雄マーケティング部長）にも、そう言っておいてくれ」

「はい、頑張ります」

薄葉は静かに受話器を置くと、「樋口さんは怒るだけの経営者じゃない。ちゃんと考えている」と実感していた。

その後薄葉は、常務、専務、副会長を経て、現在は特別顧問。樋口について薄葉は次のように言う。

「それは怖かったですよ、社長時代の樋口さんは。私など、しょっちゅう怒られていて、その度にどっと汗が噴いて、三越に毎回シャツを買いに行っていたくらいでしたから。しかし、大勢の前で怒られた後、電話かあるいは個別に呼ばれて、フォローしてくれた。だから、私達は頑張れた」

この役員会で樋口が言った「刺身に合うビール」が、後に大ヒット商品となるスーパードライのことである。

スーパードライは、コードネーム「FX」として、コクキレビールが登場した直後の八六年三月から開発プロジェクトが始まる。ちなみに、FXとは日本の当時の次期支援戦闘機「FSX」から引っ張ったものだ。

薄葉は、「スーパードライは、正式な開発着手以前に、コクキレと並行する形で八五年から酵母の研究をしていたのです。もっとも、スーパードライを開発できたのは八二年まで遡る必要があります」とも話す。

八二年といえば、村井が社長に就任した年である。

村井は就任するやいなや、まずは「お客様本位」とする経営理念を策定。間髪を入れず、「昨日と同じビールばかりつくっているから、シェアが落ちていく」と、商品開発を進めるための組織変更を実施した。営業、生産、そして研究所という縦割りの組織を見直し、まずは横串をさす。それまでほとんど交流がなかった営業本部のマーケティング部、生産本部の生産プロジェクト室、中央研究所の開発研究部と、それぞれに存在した商品開発のための組織を相互に連携できる体制に束ねたのだ。

もっとも、ユーザー本位の経営理念策定や組織を活性化するための組織変更などは、アサヒに限らずどこの会社も行っている。

問題なのは、仮に組織をいじっても、組織はなかなか活性化できないし、まして、スーパードライのような、強固な業界の秩序をもふっ飛ばすようなホームランが出ない点だ。

村井は公式な組織変更とは別に、本社の部長級が非公式に交流できる場を設けた。無類の読書家として知られる村井は、本店に勤務する各部門の部長一〇人を、大田区大森にあった研修センターに夕刻集めて、「読書会」を月一回のペースで開催した。

福島工場長だった薄葉は、村井の社長就任とほぼ同時期に、本社の技術開発部長に昇格した。したがって、薄葉は末席で読書会に当初から参加する。

「本当は、読書会というのは名目で、飲んでばかりいました。研修センターの一次会だけではなく、大森駅近くの焼鳥屋に繰り出して、必ず二次会、三次会までやっていた。もちろん村井さんも最後まで付き合ってくれて、勘定を持ってくれたこともありました。高尚な読書会はできなかったけれど、今までだったら交流できなかった営業や総務などの部長たちと、とことんまで飲めたのが大きかった。みんなが何を考えているのか、互いに本音がわかったのですから」

村井の持論は、「ぬか味噌と中間管理職は、引っかきまわさないとダメ」。

薄葉らは、村井の手によりこねられた形だ。

「どうしてウチのビールは売れないんだろう」

「技術屋さんも、酒屋に行って見てみろよ。古いものしか置いてないぜ」

「売れないから、どうしても店頭在庫が増えてしまうんだろう。そのまえに、アサヒを置いている酒屋は何軒あるんだよ」

「オイオイ、営業が悪いような言い方はするなよ。業務用なら、サッポロやキリンを向こうにまわしても、頑張っているんだから。むしろ、キリンのような売れる商品がどうしてできないかが問題じゃないか」

「昭和二八年には同じシェアだったけど、キリンは家庭用を伸ばしてガリバーになった。そもそもビールは贅沢品だったから、店で飲む酒であり、家庭ではあまり飲まれなかった。しかも業務用は、ウチとサッポロ、つまり旧大日本ビールが押さえていたから、キリンは家庭用に力を入れるしか選択がなかったんだ。ところが、昭和三〇年代半ばからの高度成長に乗って冷蔵庫が普及し、一般家庭でもビールを飲むように生活者のライフスタイルが変わっていった。この間キリンは、生産設備を増強しておう盛な家庭向け需要に応える供給体制を築いていった。ライフスタイルの変化に対応できた会社と、対応しようとしなかった会社の違いがいまの現実だろう」

「評論家のようなことを言うね。さすがマーケ部は言うことが違う。さっきも言ったけど、営業力が本当に必要な業務用なら、俺達はキリンになんか負けてない。キリンの奴ら、酒屋も料飲店も廻ってないんだ。営業になってない。あれで俺達より高い給料をもらえるんだから、良い身分だ」

「独禁法でこれ以上シェアを上げたら、キリンは分割されてしまうから、営業ができなかったんだ。それに、業務用はいまは三割しかない。七割は家庭需要だぜ。アサヒは業務用という強さがあったから、変えようとしなかったし、変えられなかった」

「だったら何とかしてくれよ。俺達は毎日、ドブ板をかけずり廻ってんだ」

「三人ともよさないか。喧嘩しても何の解決にもならない。(歴史学者の)トインビーは、外から攻められて滅びた文明はない、と言っているが、企業も一緒だ。成績が悪くなり、『あの部門が悪い』などと、外ではなく内部でもめてドンドン悪くなっていく。いまのアサヒは、内輪もめしているような状態じゃない。

工場を閉鎖したり資産を切り売りしているような状態を打破する、何か希望になるものがやっぱり必要だろう」

「うーん、やっぱり商品かなぁ」

「そう、俺たちビール屋がいいと思うのじゃなく、消費者が本当に飲みたくなる商品だな……」

ときに議論が白熱しても、温厚な村井は滅多に口を挟まず、部長たちに言いたいことを言わせていた。スピードを身上として強烈な個性によるカリスマ性を発揮した樋口とは異なる点だったろう。薄葉は言う。

「スーパードライは、銀行からやって来た樋口さんが、いきなり放ったホームランだとか、なかには偶然の産物などと、言う人がいます。しかし、これらは間違いです。大ヒット商品を生むことは、そんなに簡単じゃないし、まして、会社はすぐに変われるものでもないでしょう。

少なくとも、私達は村井さんにより、スーパードライ発売の五年前から、引っかきまわされていたのですから。村井さんとは、アサヒという会社の変化を明治維新に例えるなら、吉田松陰に当たる思想家だったと私には思えます」

村井が吉田松陰なら、スーパードライのヒットに社長として立ち会い、アサヒの変革を指揮した樋口は、坂本龍馬や高杉晋作のような戦略家。そして樋口の後に続くプロパー社長の瀬戸雄三は、伊藤博文や大久保利通のような維新後の新体制を構築したテクノクラートとなるのだろうか。

それはともかく、スーパードライとは、スーパースターの樋口廣太郎が、出合い頭の一振りで打った値千金のアーチではなく、実は五年間もの助走期間を経て実現したヒット商品だった。

求められているのはアメリカンタイプ

村井主催の読書会の産物として、八五年のCI導入、さらに大規模な消費者嗜好調査がある。

消費者嗜好調査は、読書会で「原点に帰って、お客様がどんなビールを求めているのか、調べてみよう」との意見から、東京、大阪、それぞれ五〇〇〇人に試飲してもらい八四年夏から八五年夏にかけて実施したもの。資金的な余裕もなかったアサヒでは、社員が酒屋の店頭に立って、自分達が実際に調査を行った。

八五年といえば、水面下では、住友銀行会長の磯田一郎がサントリー社長の佐治敬三にアサヒの救済的合併を申し入れるも、あっけなく断られてしまい、やがて、幕引き役として副頭取の樋口が実力者の磯田により指名されていった頃だが、アサヒの現場では、そんな事実を誰も知らない。ただ、会社再興に挑戦する男達の熱気だけがみなぎっていた。

消費者調査で分かったことは、ビールの愛飲者の多くは、「軽快で飲みやすいビールを求めているということ。その傾向は、二〇代や三〇代に顕著でした」(薄葉)。背景には、日本人の食生活の変化がある。一世帯当たりの油脂の購入数量は、一九六〇年から八〇年までの二〇年間で、ほぼ二倍に跳ね上がっていた。食事は洋食化していたのである。

「しかも、学校給食研究会という組織の調べでは、肉中心の献立を好む子供が七一年には六三％だったのが、七七年には八二％、八一年には九五％と増加の一途をたどっていたのです。将来的にも、脂分の多い食事を損なわない、さらっとした飲み飽きのしないビールが求められていた。これは、分かりやすく表現すれば、バドワイザーに代表されるアメリカンタイプのビールです。ところが、スーパードライが出るまで、日本のビールは明治時代からずっと、苦みの強いビールばかりだったのです」と薄葉。日本のビール産業は、明治時代にドイツから技術を学びスタートを切った。ドイツのビールは麦芽一〇〇％で、重厚な味わいなのが特徴だ(サントリーだけはデンマークのカールスバーグ社から学んだ)。

ややうんちくめいて恐縮だが、一五一六年にバイエルンの国王だったヴィルヘルム四世が、ビールの品質向上を目的に「ビール純粋令」を発令。以来、ドイツでは米やコーンスターチなどの副原料を一切使わず、麦芽とホップ、水だけでビールはつくられるようになった(その後、酵母も原料として認められる)。この法律は現在でも施行されていて、ドイツの醸造所で生産されるビールはすべて麦芽一〇〇％ビールである(もっとも、市場統合以降のEUでは、副原料を使ったビールも流通するようになっている)。日本の税法上、ビールとは水とホップを除く原材料に占める麦芽の比率が三分の二以上と定められているが、アサヒを含めてビール会社の技術陣は、「ドイツタイプの重厚な味わいのビールこそがビール」という認識があった。つまりは、技術者が目指している味と、消費者が求めている味とが、一致していなかったのだ。

そもそも前出の「刺身に合うビール」というテーマを薄葉に投げてきたのは、マーケ部副部長(後に部長)の松井だった。コクキレビールが発売された直後の八六年三月のことである。村井の読書会でも顔なじみだった松井は、脂身の多いトロなどの刺身を大好物にしていた。

「コクキレよりも、さらに味をクリアーにして、二〇代、三〇代に絞り込む」

「味覚がさらりとして、後味がすっきりして、二〇代、三〇代が飲み飽きない、辛口のビール」

コンセプトの設計は薄葉が担当したが、「アサヒの技術者は苦みの低いビールを嫌っていたため、説得するのが実は大変でした」。そこで、重厚で苦いビールを信奉する技術部隊に対して、薄葉は次のように話して説得を試みた。

「ビールには二つのタイプがある。〝毎日飲みたくなるビール〟と、特別な日に飲みたくなる〝思い出すビール〟だ。どちらのビールも、人々の生活には必要だ。だが、今回、アサビは前者を選択する」

技術者たちの反応は鈍かった。だが、会社は最悪期を迎えていて、既に失うものは何もなかった。薄葉が提案する新しい挑戦に、技術者たちは渋りながらも応じていく。

キレに徹して何杯でも飲める辛口

三カ月後の八六年六月、パイロットプラントで醸造していた試作品が完成。樋口をはじめ役員に試飲してもらう日が来た。

「銀行から来たばかりの樋口さんは、ＯＫを出すかなぁ。この味を、分かってもらえるだろうか」。薄葉は、抱いていた不安をそのまま言葉にした。

「ここまで来たら後には引けない。相手が誰であろうと、ダメだなんて言わせねぇ」。強気で鳴らす松井は、断固として言った。

薄葉はこんな松井を頼もしく思え、また、読書会で対話を重ねるうち、この男を好きになっていた。樋口から罵倒されると、その迫力に押されて自分はどうしても萎縮してしまうが、松井は逆に反撃さえしていく。

「この男のためにも、ＦＸを成功させたい」と薄葉は思った。

当日、二人は京橋本社のエレベーター前で、たまたま来訪していた特約店（問屋）の社長を見つける。

「よし、ちょっと占ってみよう」

五〇代の社長に、その場で試飲してもらったのだ。するとどうだろう、「これは旨い。いままでにはなかった味ですね」という反応を得た。

気をよくした二人は、役員会議室に上がり、堂々とした態度で樋口と対峙する。

樋口は、いつになく不機嫌だった。口数は少なく、眼が怒っていた。「入れ」という声も低くドスが利いていた。そのため、役員はみなピリピリして見える。誰かをまた怒鳴ったのか、あるいはもっと大きな難題に直面しているのか、二人に原因は分からない。役員全員に小さなグラスが配布され、ＦＸが注がれていく。ピーンと張りつめた空気のなかで、作業をする二人の女子社員の動きや、コップやビール瓶が触れあう雑音、ビールが注がれて一斉に広がるホップの香りが緊張した空気を幾分だが和らげていく。

樋口は、自ら瓶を持ち、無造作にグラスにビールを注ぐと、一口だけ飲んだ。

その瞬間、女子社員を除く全員の視線が樋口に集中する。

「これはいいんじゃないか」

破顔一笑。甲高い声で樋口は言った。動作を止めていた役員たちも、この一声が合図のようになり、再びグラスを呷ったり、あるいは香りを嗅ぎ始める。

「あっぱれだ。よくやった。で、どういう特徴がある」

瞬間湯沸器のように、瞬時に変貌した樋口は、はしゃぎながら薄葉に質問した。

「このビールは発酵度を高く設定して辛口にしたのが特徴です。キレに徹して何杯でも飲めるビールなんです」

薄葉は、こみ上げる喜びを抑えながら、冷静に説明を始めた。

ビールと同じ醸造酒である日本酒やワインは、分析値により甘口、辛口に分類される。一般に、甘口タイプは、甘みの丸みとコクがあり、重厚な反面、後味はべたつく、などと表現される。これに対し辛口の酒は、さらっとしてべたつかず、後味はすっきりしている。ちなみに、スーパードライのドライとは、ワインやリキュールで使用する「スイート」(甘口)に対する「ドライ」(辛口)を、そのまま使ったもの。

ビールは分析値による分類をしていないが、辛口をコンセプトとするスーパードライは原料中の糖分をいかに削減するかが技術的な課題だった。辛口にするためには、発酵度を高める必要があった。糖分をできる限り発酵性の糖分に変え、最終的にはこの発酵性糖分も発酵させて未発酵エキスをなくすことに、薄葉らは腐心した。このため酵素力の強い麦芽と発酵力の強い酵母を採用。高発酵のため、アルコール度もそれまで一般的だった四・五%に対し五%と若干だが高くなった。

こうして開発されたスーパードライだったが、商品化の最終段階において、問題が起きる。コクキレビールが売れていたため、

「折角、シェアを上げているのに、新商品を投入したら自社商品同士で競合し合うじゃないか」

との意見が社内で出たためだ。

最終的には樋口の判断により、首都圏の地域限定として八七年三月一七日、年間一〇〇万箱を目標に、「スーパードライ」という名前で発売された。

第2章　〝ドライ戦争〟は一人勝ち

前例やしがらみを排除する経営

敵だらけの孤高の戦い

「資金のことは心配しなくていい。こんなご時世だ。いくらでも貸してやるよ」

「ありがとうございます」

樋口廣太郎は受話器を抱えたまま、深々と一礼した。

「ところで、アチラからはその後、何か言ってきたか」

「ハイ、相変わらず、ニッカを欲しいと……」

「そうか。ダボハゼ経営が止まらんな。あの人は勝算をどう考えているのだろう」

「その件とは別に、本日は申し入れしておきたいことがございます」

「ふむ、何かな」

「実は会長、私の後任についてでございます」

「うん」

「お陰様で、アサヒはここまで来ました。ひとえに、住友銀行の、そして会長のご尽力の賜でございます。ですが、既にお伝えしています通り、次は是非、プロパーから引き上げたいと考えております」

「・・・」

「アサヒはスーパードライのヒットで活気づいております。銀行出身者ではなく、プロパー社長を誕生させることが、アサヒにとって発展していくベストの選択だと存じます。社員もみな、それを望んでおるのです」

「言ってくれるねえ。幕引き役だった君は、いまや再建の功労者にして、スター経営者だからな。偉くなったもんだよ」

「皮肉をおっしゃらないでください。これからも、銀行からは人を受け入れます。ただし、本業であるビール事業の担当にはさせません。アサヒはいま、火がついたのです。この勢いを私は止めたくないんです。分かってください、会長！」

「ふーむ……」

ようやく受話器を置くと、樋口は間髪を入れずに、内線を回して村井に電話を入れた。

「あっ、村井さん、まいりましたよ。いま、磯田会長と電話をしていたのですが……」

相談をするわけでも、ましてアドバイスを仰ぐわけでもなく、樋口は先ほどまでの電話でのやりとりの一切を一方的に喋っていく。村井は「うん、うん」と相づちを打ち、時折「で、磯田さんは何とおっしゃったの」などと、終始聞き役に徹する。

実は、この数日前に開かれた役員会議で、樋口は村井に大声を上げていた。とるに足らないことが原因だったのだが、樋口が村井に声を荒らげること自体、もう珍しくはなくなっていた。当時のあるアサヒ役員は次のように述懐する。

「樋口さんは役員会議などで、私達がいる前なのに、平気で村井さんを叱ってました。住友銀行の大先輩にして長年の上司だったのに、いくらなんでもあんなひどいことを言っていいのかと、私などは思いましたよ。しかし、もっと不思議だったのは、二人は決して険悪な関係にならなかったことでした。会議が終わり二人きりになると、何事もなかったように談笑を始めたりしていたのですから。お二人の関係はどうなっているのやら。我々プロパーの理解を超えてましたよ」

また、瀬戸は「村井さんは紳士だったから、樋口さんに何ら反論しなかった。僕だったら喧嘩してるけどね」などと話す。

実は、新聞記者などマスコミの前でも、樋口はことあるごとに村井への批判ともとれる発言をしていた。

「村井さんに取材して何になるの。あの人は、アサヒのシェアを落とした人だよ。聞きたいことがあったら、僕のところに来なさい。いつでも会うから」

日頃はネアカな樋口が、村井について語るときだけ声を潜めてボソボソと話すのに、筆者は少なからぬ驚きを覚えていた。

これに対して村井は当時、「樋口君は、大変な電話魔なんだ。小さなことでも、すぐに僕に電話をしてくる。自動車電話からかけてくることも多い。それだけお喋りが好きなんだな、あの男は、ハハハ」などと、好々爺然として話していた。

樋口が村井に対する批判的な発言を繰り返そうとも、村井は〝柳に風〟。そのまま受け流していた。このため、社長と会長が対立する構図には至らなかった。社長時代、樋口はよく「僕は養子だから」と、ユーモラスに会見などでも話していた。自身が銀行から転じたという意味だが、それ以前に、アサヒの幕引き役という特命を担っての養子縁組である。樋口を支えたのは、スーパードライのヒットとそれに伴うシェア拡大という実績だったのは、言うまでもない。だが、精神面で彼を支えていたのは、本当は村井だったのではないか。

「(八六年一月)アサヒに来たとき、周りは敵だらけだった。住銀からやって来た男が、今度はまた、何をやるのかといった眼で、みんな見ていたよ」と、樋口は筆者に語ったことがある。

一方、出身母体である住銀に対しても、樋口は後継者について、磯田に真っ向からプロパー登用を具申している。ちなみに、日本経済新聞に連載した「私の履歴書」(二〇〇一年一月一二日付)によれば、樋口が最初に磯田に〈次は生え抜きにしたいのでお願いします〉と打診したのは、八八年となっている。

いずれにせよ、住銀の〝天皇〟に向かい、自説をぶつけた格好だったが、それだけではない。アサヒの子会社であるニッカウヰスキーを傘下に収めたいとする産業界の実力者に対しても、樋口は戦わなければならない情勢にあったのだ。社内外のしがらみ、そして現実のビール商戦。孤高の戦いのなかで、腹を割って話をできるのは、同じ「養子」の立場である村井しかいなかった。

社員の心に火をつければ会社は立ち直る

「一つのことに生きようとすれば、前のことは忘れなければならない」

これはフランスの作家、アナトール・フランスの言葉だが、アサヒにやってきてからスーパードライをヒットさせるまでの間、樋口はこれを座右の銘としていた。本当は幕引き役だったのに、「閉じる前に、ちょっとやったらうまくいった」という樋口だが、当初からアサヒ再建に並々ならぬ闘志をもっていたのも事実である。

住銀から赴任したばかりのとき、関西のある工場を樋口はお忍びで訪ねたことがある。午後五時を前にした就業中だというのに、従業員が二人、正門から出てくると、道路の反対側に座り缶ビールを飲み始める。しかも、そのビールはキリンである。飲み干すと、一人が「アサヒビールのバカヤロー！」と叫び、缶を工場の敷地に投げ込んだ。

「大変な会社に来てしまった……」と、樋口は衝撃を受けた。が、現実を目の当たりにして、「ここまでモラールが落ちているということは、何か根本の部分が間違っているのではないか。大掛かりな人員整理や工場閉鎖から、従業員の心が会社から離れているのかもしれない。だとすれば、社員の心を一つにして、火をつける何かを与えてやれば、この会社は立ち直るのではないか」。

樋口は出身母体である住銀の特命よりも、経営者としてアサヒ再建に立ち上がっていく。

「本当はみんなやる気もあるし、能力も高い。何しろ、こんなに業績が悪いのに、少なくとも幹部には、他人の悪口を言う人間がいない。人間的には良い奴ばかりなのだから」

樋口は「前のことは忘れ」、「一つのことに生きよう」と踏み切っていったのだ。

アサヒ社長になってから、「本当は住銀の頭取になりたかった」と、樋口は周囲だけではなくマスコミにも漏らしていた。しかし、トップ交代の巡り合わせもあり、現実にはかなわぬまま終わる。トップとして、企業経営に打ち込むことは、樋口の夢だった。夢があったから、特命などを超越して、特命を発した住銀を見返す気持ちで再建に打ち込めたのだろう。

ただし、いくら個人の思いが強くとも、置かれている立場から考えれば、短期間での再建は至上命題だった。実際、アサヒにやってきてから、樋口は武勇伝に事欠かない。

就任早々、二カ月間で全国の問屋を行脚する一方、夜ともなると都内の酒販店や飲食店を毎晩二〇軒程度廻って歩いた。

「このたびアサヒビール社長となりました樋口でございます」

京都の商家に生まれ育った樋口は、深々と頭を下げる。支店の営業マンすら顔を見せないキリンに対し、アサヒはトップがやって来る。大手企業であるビール会社の社長がお店を訪ね歩くなど、前例のないことだったが、訪問を受けた小売店は、アサヒファンへと傾いていった。

このほかにも、利用率が低かった大日本ビール時代からの倉庫施設を、「パチンコ店に衣替えする」と言いだし、幹部から反対されて翻意したこともあった。いずれも、名門企業に巣くっていた前例やしがらみを排除する経営に徹していく。スーパードライがヒットし、例え先輩であっても村井に平気で苦言を呈していたのも、求心力を自分に集中させてアサヒの舵取りを円滑にさせようとする狙いがあったといえよう。

また、こんなこともあった。ある工場を訪問したときのこと。工場内を見て廻った最後に、説明役で同行していた工場長に「何か、この工場で問題はあるか」と質問したが、工場長は笑顔をたたえながら、「はい社長、何ら問題はありません」と答えた。

するど樋口は、ドスの利いた声で次のように言った。

「君、すぐに辞表を書きなさい。問題を把握できない人間が、工場のトップにいることが問題だ。明日、会社を辞めろ」

銀行出身の樋口は、ビールについては素人だ。しかし、短期間での再建に挑戦するため、ときには断固とした態度で、部下に接していた。

企業の再建には、高度な経営手腕が要求されるのはいうまでもない。最近では、日産のカルロス・ゴーンが再建事例として有名だ。しかし、ゴーンが日産に乗り込む一三年前に、日本人である樋口廣太郎はアサヒの社長となり、瀕死の状態だったアサヒをとりあえず救った。これは紛れもない事実である。

勝つことしか知らない者の弱さ

営業しなくてもシェア六割

「スーパードライを知っていますか?」

「いえ、知りません」

一九八七年四月下旬、同志社大学商学部四年の倉地俊典は、面接官の質問に素直に答えた。この日、倉地は東京・京橋にあったアサヒビール本社で、四〇代の人事担当者と向き合い、入社面接を受けていた。

「スーパードライはウチが三月に出したビールです。最初は、首都圏でだけ売り出して、いま全国に展開していますから、もうすぐ倉地君のいる京都でも飲めますよ。今年アサヒは、前年比で五%、いや一〇%は伸びるかも知れません。いままでは、考えられなかったことです」

人事担当者は、その後も饒舌に話し続けた。

「スーパードライは、杉並と世田谷でまず火がつきました」

「ビールの流れを変えるキレのある味です」

「いま、ウチは調子が良くなってます。CI導入で会社は変わり、流れに乗りました」

倉地は「これでは、どっちが面接を受けているのか分からないじゃないか」と思ったが、黙って頷いていた。一度として飲んだことのないビールや、一〇%増、そしてCIなどと言われても、学生の倉地にはピンとはこなかった。ただし、人事担当者がやけに誇らしげに語っているという印象が強く残った。

「よくは分からないが、この会社はとてつもないくらいに大きく動いているようだ。学生の俺相手にさえ、話したいことがたくさんあるのだから」

と、じっと聞いていたが、面接の最後に、倉地は居住まいを正し、どうしても言わなければならないことを言った。

「アサヒを希望したのは、新商品をつくりたいからです。多くの人々に喜んでもらえるビールを、自分が企画し商品化したいのです。私は必ず、日本人を魅了する商品をつくります」。実際、入社面接から一四年後の二〇〇一年二月、倉地がプロデューサーを務めたアサヒ初の発泡酒「本生」は世に出る。そして大ヒットして、キリンを抜きついに業界首位

〝奪取〟を呼び込むのだが、面接の時点では、倉地も人事担当者もそんなことは露ほども予想していなかった。

倉地がアサヒ本社で面接を受けていた一カ月前のことである。キリンビールへの入社を直前に控えていた早稲田大学政治経済学部四年の松本克彦は、川崎市の自宅でくつろいでいたとき、テレビから流れたビールのCMに目を奪われていた。サングラスを掛けた「作家・国際ジャーナリスト」という肩書きの落合信彦が、シカゴかニューヨークと思われる市街地のホテルのバルコニーに出て缶ビールを呷る。背景には「辛口、生」とクレジット、やがて銀色の缶ビールが大写しとなり、「アサヒスーパードライ」とナレーションが入る。

「インパクトのあるCMだ。これからキリンに勤める身分だが、このビールは飲みたくなるなぁ」。学生だった松本は消費者の立場から感じた。

松本がキリンビール入社を希望したのは、アメリカ・ロサンゼルスへの一カ月間のホームステイがきっかけだった。早大ESS（英語研究会）に所属していたため、「英語の力をもっとつけよう」と、清掃用品を配達するアルバイトで稼いだお金を使い、三年の夏休みに渡米した。プラザ合意の直前に当たる八五年夏だったため、ロサンゼルスは、「TOYOTA」「HONDA」「SONY」と日本製品で溢れていた。

「唯一なかったのが、ビールでした。ロスのスーパーに行っても、キリンもサッポロもなかったのです。ならば、ビールには大きな市場性があると判断し、シェアトップのキリンを受けました」

入社面接時には、始発に乗って早朝の五時半に、当時は原宿にあったキリン本社に到着。一番乗りだったが、その熱意も買われて採用となった。四月に入社し、研修を終えると松本は半年間だけ本社の営業企画部で内勤に従事。一一月に京都支社に配属され、祇園がある東山区や左京区などの担当テリトリーをもついわゆるエリア営業となった。

京都に赴任した松本は、最初の三日間だけ先輩に連れられて特約店（問屋）を廻った。四日目から、松本は一人で、問屋だけではなく、担当エリア内の酒屋や居酒屋、お好み焼店、焼肉店などを廻る。

その日のことを松本は今も忘れていない。

「初めて、キリンの営業はんがおみえになりました」

行く先々で、こう言われたのだ。松本は驚いたが、このときある確信を得た。

「キリンは直接の取引先である問屋までしか営業をしていない。いや、それ以前に、営業そのものになっていない。ただの御用聞きだ。何しろ、営業マンが消費者と接している現場を廻っていないじゃないか。こんな調子だったら、早晩やられてしまう」

一般にビール会社の営業マンは、直接の納入先である問屋だけではなく、酒販店や消費現場である飲食店を廻る。メーカーは酒販店や飲食店から直接注文を受けられないが、彼らがキリンの扱い量を増やしてくれれば、そのまま注文は増えていく。酒屋の冷蔵庫で、キリンビールを目立つ位置に置き替えれば、消費者は手に取りやすくなる。酒販店や飲食店、つまりは最終消費者と接している部分に自社商品を売り込むことで、間接的に売り上げは伸びていく。この仕事がビールの営業では最も大切である。

特に飲食店は重要で、八七年当時なら、それまでサッポロを扱っていた店をキリンに切り替えれば、黙っていても注文は増えた。一杯飲みに来た客は、店で提供するビールをそのまま素直に飲んだからだ。

現在では、複数のメーカー、銘柄を扱う店が増えた。これはスーパードライの登場以降に顕著となった傾向だ（それでも、管理がしやすいため単一銘柄しか置かない店も多い）。アサヒの薄葉は、スーパードライ発売の二カ月後、知人と入った新橋の小料理屋で、「スーパードライをください」と注文を出す客を見かけ、「ヒットを確信しました」と話す。スーパードライは日本人の消費行動を変えたと言っても過言ではないのである。営業にとってはその分、攻防が激しくなってくる。

ちなみに、現在の酒販店の数は全国で約一七万七〇〇〇軒（二〇〇〇年三月末の酒類小売免許総数）。政府は九八年に酒類販売の規制緩和を閣議決定していて、二〇〇一年一月に販売店舗間に距離を置く「距離基準」が撤廃され、一定の人口に一つの免許を割り当てる「人口基準」も二〇〇三年九月には完全撤廃されていく。小売免許自由化の流れから、ドラッグストアやホームセンターといった、長時間営業や安売り営業で業績を伸ばしているチェーン店の酒類販売への参入が相次いでいる。個人経営の一般酒販店は押されてしまい、コンビニへの転業、あるいは廃業へと追い込まれるところが多い。

一方、酒類を提供している飲食店は喫茶店なども含めて約八二万店あり、毎年この一割前後が、廃業と新規開業とで入れ替わっているのが実態だ。松本が訪問した焼肉店では、キリンの業務用生ビールを出していたが、サーバーのホースが汚れていて、きちんと管理されていなかった。

「これでは、せっかくのおいしいビールが台無しじゃないか」。新入社員研修では、工場で生産現場の品質管理について学んだが、客にビールを提供する焼肉店では、品質本位などという言葉は有名無実だった。

ある日曜日、松本は京都工場内のコートで同僚とテニスを楽しんでいた。すると、守衛がやってきて、山科区の酒屋でトラブルが発生していると伝えてきた。なんでも町内会の祭りで、生ビールを販売していたところ、サーバーの調子が悪く、泡ばかり出てしまってビールが販売できないとのことだった。松本らは、ライトバンにボンベを積み現場に向かったが、会場に着くと、ビールホースとガスホースとが逆に接続されていた。単純な接続ミスで、トラブルはすぐに解決できたが、酒販店主からは礼の一言もない。

松本は言う。

「キリンは、客である酒販店や飲食店から嫌われていました。先輩達もいい加減で、生ビールの扱い方法すら、お店に指導していなかったのだから当然です。でも、シェアが六割もあったから、営業をしなくとも、さらにお客様から嫌われていても、商品は売れてしまっていたのです。一般家庭にキリンビールを酒販店が宅配するシステムがあったからシェアは高かったけれど、営業が必要な居酒屋など業務向けでは、サッポロやアサヒに負けてました」

松本の父親は、川崎の自宅で金属加工を自営する日産自動車の孫請けだった。二度にわたるオイルショックなどのリセッション、毎年断行されるコストダウン要求に耐えながら、松本を筆頭に三人の子供をみな大学に進学させた。

受験勉強のとき、松本は深夜まで勉強していたが、一階の仕事場では、ボール盤を黙々と操る父の背中がいつもあった。元請けの無理な要求に、文句の一つも発せず、父は手を油まみれにしながら働き続けていたため、子供時代に夏休みに旅行に行った体験などはない。二学期に級友が海水浴に行った話を聞くのは辛かったが、松本はいまでも父親を尊敬している。

そんな働き者の父の元に育っているだけに、キリンの生ぬるい体質は松本に衝撃を与えた。だが、一方で新入社員の松本は自分自身に誓っていた。

「俺はこの会社を変えてやる」

自信を失った先進的な会社

しかし、松本が入社する前の八〇年代半ばから、実はキリンは変化を模索し始めていた。

七九年入社の真柳亮は、八五年に神戸支社の営業から、新設された本社事業開発部探索担当となる。探索担当とは、「ビール以外の事業を開発するのが仕事の、いわゆるブラブラ社員でした」（真柳）。アサヒが存亡の危機にあった頃、キリンは事業開発部が多角化を推進して、医薬事業やスポーツクラブ運営といった不動産事業、酵母研究、外食事業などを展開していく。

上司からの指示は一切なし。「好きなことをやれ」と言われるだけで、真柳は衛星通信やシルバービジネス、遊休不動産の活用、建築物の空間づくりなど、自分が興味を持ったものに次々と、首を突っ込んでは勉強していった。そうしたなか、建築物の空間づくりに一番興味を持ち、店舗をやりたいと考えて関連の深い外食チームに参加していく。

外食チームは八七年四月、六本木に「ハートランド」というビア・ホールをつくっていた。ここには、同名のビール「ハートランド」や、後にヒット商品となる「一番搾り」を開発していく前田仁がいた。

真柳はまず、神宮外苑で七月、八月だけ限定営業する「森のビアガーデン」というログハウスをつかった店を担当。その後、原宿に「DOMA」という大皿料理の店をオープンさせ、二年間にわたり店長を務める。この間は、毎日ジーンズ姿だった。

仕入れから売り上げ管理、メニューの考案、アルバイトの手配、宣伝、さらにはバイトの恋愛相談まで、ビール会社の社員ではおおよそ経験できない経験を、三〇代になったばかりで積む。DOMAはキリンの名前を使っていなかったため、「スーパードライをくれ」という客の多さに驚きも覚える。

「キリンを外から見ることができたのは、面白かった。その上で、飲食店が何に困っているのか、自分でやってみて深く理解できたのが大きかった。飲食店では利用客からレジでお金をもらってビジネスが完結するのです。ラストオーダーが終わり売り上げが一〇〇円合わないといったことから、バイトの給料や家賃をどう工面するか、そしてクレーム処理まで、悩みは多いのです」

八八年にキリンに入社した大島宏之は、九四年のリレハンメルオリンピック・ボブスレー競技の日本代表選手だ。大島は普通のサラリーマンをしながら、二六歳で一般公募によるテストをパスしてオリンピックに出場した。中央大学陸上部時代は十種競技の選手だったが、「決して優れたアスリートではありませんでした。でも、オリンピック出場は中学三年の時からの夢でしたから」(大島)。北海道で営業活動をしながら自分で練習に励み、九二年、九三年、そしてオリンピック開催の九四年のシーズンは会社を休業して、ボブスレーに打ち込んだ。

「自分の夢を実現できたのは、最大の財産です。だから、いまはどんなことでもできるのです」。こう語る大島は、現在、首都圏地区本部特約店営業部担当部長。三〇代で部長職である。このサラリーマンオリンピック選手を生むきっかけは、キリンが八九年から始めた新人事制度による。

「成果主義に基づき、年齢や男女に関係なしに、できた人を厚遇するのが狙い。キリンはそれまで、いい時代が長すぎて、評論家のような社員ばかりになっていました。もっとも、このときの新人事制度は性善説に寄りすぎていたのですが」と鈴木健介人事部人事担当部長代理は話す。大島のオリンピックのための休業制度は新人事制度の一環だった。成果主義の人事制度など、いまとなっては珍しくはないが、八〇年代に導入したキリンは、九〇年代に導入したホンダや富士通よりも早かったのである。社員店長といい、オリンピック選手を生む人事制度といい、キリンはいち早く挑戦的な手を打っていた。

では、なぜそんな先進的な会社が、その後凋落していくのだろう。ライバル社のヒット商品だけの問題だろうか。

現社長の荒蒔康一郎はこんなことをいう。

「以前は、中期計画を策定すると計画通りに事業が運んだのです。計画イコール会社の方向でした。ところが、八〇年代後半から計画がことごとく狂い始める。初めての経験でした。一年で下方修正した計画を再度つくるけど、それでも達成できない。長い間、何事も計画通りに行った会社が、自分たちの思い通りにことが運ばなくなってしまい、虚脱感が全社を覆っていきました。しかも計画未達は何度も繰り返されていくのです」

勝つことしか知らない者が抱く決定的な弱さを、キリンは露呈していく。ある種の自信を失ったといえようが、それでも八七年当時にはまだ余裕はあった。

スーパードライはライバル社が育てた

「代替品」しかつくれない

「どえらいこっちゃ!」

スーパードライが破竹の勢いで販売を伸ばしている頃、大阪堂島のサントリー本社では、佐治敬三により翌八八年のドライビール発売が決定されていた。

サントリーにしてみれば、追い抜くはずの相手が、大ヒットを放ったのだから、後に続こうとするのは当たり前の行動だったろう。スーパードライは初年度、一三五〇万箱を販売。モルツが前年に打ち立てた新製品の記録である一八四万九〇〇〇箱を、あっさりと抜き去っていた。

首位キリン、二位サッポロも、同じ行動に出る。

かくして、八八年二月、キリン、サッポロ、サントリーはアサヒを追う形で「ドライビール」を発売。世に言う〝ドライ戦争〟が始まる。

キリンが新発売した「キリンドライ」は、年末までに三九六四万箱を販売。サッポロの「サッポロドライ」も二一七〇万箱。サントリーは「ドライ5・0」が一三〇〇万箱、派生商品の「ドライ5・5」一三七万箱と合わせて一四三七万箱と、各社とも一〇〇〇万箱を超えるヒットを記録する。

とくにキリンドライの三九六四万箱は、スーパードライの八七年の販売量である一三五〇万箱のほぼ三倍に匹敵し、新製品の販売記録となる。二〇〇二年夏までの段階で、この記録を打ち破る新製品はまだ登場していない。

だが、流れはもはやスーパードライを向いていた。

アサヒの販売量は、最悪の八五年が三五〇五万箱に対し、八六年は前年比一一%も増えて三九二〇万箱。これが、スーパードライを発売した八七年には前年比三四%増（販売量は五二九六万箱）、そして、ドライ戦争が幕を開けた八八年には前年比で実に七〇%増（同九〇一〇万箱）。一年間で約三七一四万箱も販売量を増やした。この増加分は八五年の販売量を上回り、八五年と八八年を比較すると三年間で二・六倍も販売が伸びたことになる（ちなみに、二〇〇一年には八五年の約六倍になる）。

これに対してキリンは、八五年が二億二五三四万箱、八六年は二億三二九〇万箱、スーパードライ発売の八七年が二億三八八三万箱と着実に伸ばしたものの、キリンドライが新記録を樹立した八八年には、逆に五ポイントも販売量を落としてしまうのだ。これは新製品のキリンドライが、主力のキリン「ラガー」のシェアを奪ったためである。

ビール市場全体の販売量は八六年の三億八八六六万箱（前年比五％増）から、八七年にはスーパードライの登場により七％増の四億一七七六万箱、ドライ戦争に突入した八八年は同じく七％増えて四億四七七七万箱に拡大する。

なお、ビール商戦の激化により、ビール市場全体では、この後九四年の五億三七二一万二〇〇〇箱（課税出荷ベース）まで、ほぼ一本調子に膨張していく。この結果シェアは、八六年に一〇・一％だったアサヒが八七年に一二・七％、八八年二〇・一％と一気に上げていく。逆にキリンのシェアは八六年五九・九％、八七年五七・二％、そして八八年には五一・一％と急降下を示す。

八八年のサッポロのシェアは一九・九％（八六年は二〇・八％、八七年は二〇・六％）、サントリーは八・八％（八六年九・二％、八七年九・五％）だった。アサヒは八八年、六二年以来二六年ぶりにサッポロを抜いて二位に浮上。キリンは、キリンドライが大ヒットしたのに、会社始まって以来の凋落を見る。

八八年のドライ戦争について、アサヒビール執行役員の二宮はいう。

「アサヒはそれまでも、缶ビールやビールギフト券など、業界では先駆けた新しいことをやってきました。でも、キリンがいつも後から参入してきて、アサヒが立ち上げたものを根こそぎ取っていってしまいました。だから、スーパードライにしても、またやられちゃうのかという恐怖が原体験としてあったのは事実です。しかし、このときばかりはスーパードライはやられなかった。

『俺たちは何年もかけて消費者の嗜好調査をしてきたんだ。急造のモノマネ商品になんか負けるわけがない』。やがて、こんなふうに、みんなの心に火がついたのです。万年体たらくを繰り返していたアサヒビールという会社が、変わった瞬間でした」

二宮によれば、三社のドライビールは、先発であるスーパードライの「代替品」という位置付けだった。アサヒは生産するビールの大半をスーパードライに切り替えていくが、それでも需要に供給が追いつかない状況が続く。

「スーパードライが品不足の間、埋め合わせになったのが他社のドライビール」(二宮)だった。

アサヒは各工場内で倉庫として使っていた建屋に、急遽生産ラインを敷設するなど、急場凌ぎではあるが増産ラインを整えていく。すると、スーパードライ以外のドライビールの人気は落ちていく。

二宮は八七年九月、マーケティング部の課長代理から大阪の堺営業所長になる。

「堺に赴任したころ、私はドツカレ始めました。大阪でも、スーパードライに火がつき、商品が足りなくなっていたためです」

営業所には連日、一般の酒店から「スーパードライはないか」という電話がひっきりなしにかかり、直接営業所に訪ねてきて「スーパードライを出せ」と半ば恫喝する業者までいた。この当時のアサヒには、七カ所の工場があったが、多くは老朽化していて思うような増産ができない。

堺営業所では、特約店(問屋)に対して「お願い箱数」(割当量)を設定して管理したが、たちまち次の注文が矢の催促でやってくる。そもそも、(五三年から八五年まで)三二年間も、シェアを落とし続けた会社が、商品を割り当てするような立場に立ったこと自体が、初めての経験である。

二宮は、一箱、二箱の単位で、社内のどこから調達するかに明け暮れしていた。

「アサヒとは、頭を下げることしか知らない会社でした。『お願いします、一箱、いや一本でもかまいません。何とか、アサヒのビールをお店に置かせてください』と、酒屋さんの店頭で私達は何度も頭を下げてきた。だから、予想以上の需要に応えるノウハウなどなく、やはりひたすら謝り続けたんです。

ただし、いまにして考えると、ひとつ良かったことがありました。それは、大ヒット商品が生まれても、私達は驕ることなく謙虚でいられたことです」

一度栄光を掴んだ会社が、その後ダメになっていく例は多い。たいていの場合、会社も社員もみな驕ってしまうためである。

その点、「九・六％という一度は地獄を見たアサヒには驕りがなかったのです。だから、一度の成功に終わることなく、その後も拡大ができたのです」(二宮)。

サントリー利根川工場長の磯江晃は、いまこんなことを言う。

「当社を含めた三社が、仮にドライビールを出さなかったなら、スーパードライは革命を起こさなかったと思います。八七年にヒットした、少し変わった味のビールで終わっていたはず。つまり、三社の追随が、逆にスーパードライを強力な商品に育ててしまったのです。売れるとわかっている商品を、一社だけ静観を決め込むことはなかなかできなかったのでしょうが、そもそもサントリーとは、生ビールをはじめ何事も開発商品を世に送り出すのを得意とする会社なんです。

開発型の会社が、〝物まね〟をした時点で、失敗は見えてました」

また、現在、サッポロビール専務でビール事業本部本部長の岡俊明は、「特約店（問屋）からドライビールを出してほしいと要請があったのです。当時の流通構造は特約店の力が強く、メーカーとしては要請に応じざるを得なかった」と事情を説明する。

元号が昭和から平成に変わった八九年、キリンが「モルトドライ」（この年の販売数量は三七〇万箱）、サッポロが「クールドライ」（同二三五万箱）という新商品を発売するが、すでに八八年末の段階でドライ戦争の惨敗は明白だった。したがって三社は、ドライというカテゴリーを縮小させていく。

八七年から八九年にかけての三年間は、スーパードライで大ブレークしたアサヒが破竹の勢いで成長し、まさに一人勝ちとなったのである。

八九年三月には、サッポロ社長に、経理出身の高桑義高に代わって営業出身の荒川和夫が就任。その前月、七七年四月に発売してサッポロの主力商品となっていた「黒ラベル」を突如終売させてしまう。代わって「ドラフト」をスーパードライのような大ヒットの願いを込めて投入するが、これが失敗。シェアは減り、この年の九月に急遽、「黒ラベル」を復活発売させるという混乱ぶりを晒した。

サントリーの中谷はこう振り返る。

「自分たちとほとんど同じ位置にいたアサヒが大ヒットを飛ばしたのを見て、俺達にもチャンスはあるぞと考えましたが、かえって自分たち自身を見失う結果を招きました」

景気浮揚期にタイミングよく発売

サッポロビール現社長の岩間辰志は、「昭和という単位で捉えて、昭和四〇年代はラガーの時代、五〇年代は生の時代、六〇年代はドライの時代、そして次の一〇年（一九九五年から二〇〇四年）は発泡酒の時代。このうち、生の時代をリードしたのは当社の黒ラベル（七七年発売）ですが、一〇年おきにビール・発泡酒の流れは変わっているのです」と話す。岩間の言葉では、ラガーとは一八八八年発売のキリンラガービールであり、ドライとは一九八七年発売のスーパードライを指す。

キリンが獲得した最高シェアは、七六年の六三・八%。後にも先にも破られてはいない記録であり、そのほとんどがラガーだった。では、なぜラガーはこれほど売れたのか。樋口は社長時代に、次のように話したことがある。

「キリンラガーは、団塊世代がみんな飲んだから、あれだけ売れたんだ。逆に、アサヒは団塊世代から支持されなかったから、落ち込んでしまった」

団塊世代、つまりは戦後の一九四七年から四九年に生まれた七〇〇万人の塊は、仲間意識が強く消費行動が一様などと言われるが、確かにキリンをよく飲んだ。六七年四九・四%だったキリンのシェアは、五年後の七二年には六〇・一%となり、実に一〇ポイントを超える上昇を示す。この時期は、団塊世代が飲酒が許される二〇歳を経て、さらに社会に出て本格的にビールを飲み始める時期と一致する。だが、営業をしなくとも商品が売れてしまうようになると営業部隊が脆弱となる。やがてキリンは勝ちながら弱くなっていく。

また、この時、樋口は、「団塊ジュニア世代(七一年~七四年生まれ)は九一年から可飲年齢に達したが、スーパードライを飲んでもらえれば、アサヒは一〇年以上は安泰だ」とも話していた。

さて、それでは、なぜスーパードライはヒットし、さらにアサヒは短期間にシェアを急上昇できたのか。

一万人に及ぶ嗜好調査に基づき薄葉や松井が消費者が求めているビールを商品化できた点、樋口の強力なリーダーシップ、負けることしか知らなかった会社が勝つことを知り一致団結できたこと、ライバル三社がドライで追随したことが逆に先発のスーパードライを押し上げたこと、などが挙げられよう。だが、こうした要因だけでもない。

スーパードライ発売の一九八七年は、日本の産業界では他にも多くのヒット商品が生まれた、あるいは火がついた年である。

富士写真フイルムが発売したレンズつきフィルムの「写ルンです」（八六年発売）、三菱電機の大型テレビ、ダニを駆除するクリーナー「ダニパンチ」、〝女子大生ホイホイ〟と呼ばれるくらいに若い女性が乗りたがったホンダのプレリュード（三代目）、やや時期はずれるがその後の3ナンバー車の先鞭をつけた日産シーマ――ヒット商品のオンパレードだった。

なぜ、これほどまでのヒット商品が集中して誕生したのか。旧経済企画庁によれば、円高不況を乗り切り、平成景気が始まったのは八六年一一月からであり、八七年とは景気が好転していく時期に当たる。第二次オイルショック（七八年）後の不況を脱した八〇年代前半には、マツダの赤いファミリア、VHS方式VTR、レーザーディスク、NECのパソコンPC98シリーズなどが売れ、酒類ではチューハイブームが巻き起こり、酒場で〝一気飲み〟をする学生が救急車のお世話になる事態も相次ぎ発生した。

日本では、景気が好転すると新しいモノを受け入れようとする生活者の消費マインドが顕著となり、大型のヒット商品が誕生し、新しい商品トレンドやファッションを形成していく。それがやがて人々の消費行動やライフスタイルをも変えていく。

好況時への転換期に生まれるヒット商品の特徴は、いずれも従来の延長線ではない新機軸という点にある。しかも、新機軸を市場に定着させて、市場そのものを大きく拡大させていく。

ビールにおいては、スーパードライ登場により、ドライビールというジャンルが定着したばかりか、市場そのものが、一年間で七％も拡大、発売前の八六年と九〇年のビール市場を比較すれば三二％もの拡大となった（逆に日本酒やウイスキーは減った）。スーパードライは、景気浮揚期にタイミングよく発売されたことが、大ヒットに結びついたともいえるだろう。

景気好転時にヒット商品が生まれる現象は、モノが溢れ豊かな時代を迎えた八〇年代に二回、如実に表れたが、九〇年代は「失われた一〇年」などと言われるように、景気の浮揚感そのものを実感できる経験がない。

九〇年代以降も、例えばホンダのミニバン「オデッセイ」（九四年）をはじめ、最近ではトヨタのヴィッツ、ホンダ・フィットといった小型車、さらには発泡酒（九四年）といった新機軸のヒット商品は確かにある。だが、これらは、景気低迷期における低価格や新技術による提案型商品であり、人々のライフスタイルを変えていったものの、市場全体を大きく押し上げる現象は見せなかった。パソコンやインターネット、携帯電話、ブロードバンドにしても、日本人の仕事と生活を大きく変えたが、日本経済を牽引するまでには至っていない。

「スーパードライ以降にビール各社が投入した新商品は、みな対スーパードライを意識したものばかり」(アサヒの池田社長)なのは事実だろう。だが、今後、経済状況が本当に好転するときに、新機軸の商品をタイミングよく投入すれば、スーパードライを超えるホームランとなり、商品の流れやシェアを大きく変える可能性を秘めている。

無論これは、ビール産業に限った話ではない。

一度驕ると危機は必ず訪れる

積極果敢に〝奇跡の復活〟

サッポロ社長の岩間は「アサヒが復活できたのは、銀行出身の社長だったのがポイント。我々のようなメーカーのトップでは、あのような発想は出てきません」とも語る。あのような発想とは、活況な金融市場からローコストで調達した資金による、大規模な設備投資や巨額の販売促進費投入、そして財テクを指しているのだろう。

八五年のプラザ合意に伴う円高と過剰流動性はバブル経済を生んだ。この結果、幕引き役として樋口を派遣したはずの住友銀行だったが、〝金余り〟の時代を迎え、ヒット商品を生んだアサヒビールへの融資に逡巡はなかった。

時代はまさにバブルだった。アサヒは他社に先駆けてエクイティファイナンス（新株発行を伴う資金調達）を実行。八九年末には二五〇〇億円もの手元流動性を蓄えたともされる。これは、バブルという経済環境に加えて、急速なシェアアップによるイメージアップがもたらした結果でもある。八九年のアサヒの営業利益は一一一億円。これに対して、金融黒字は一〇八億円。本業の儲けを示す営業利益並みの運用益を当時のアサヒは上げていた。こうして得た資金は、単に財テクだけではなく本業へと投じられていく。

八九年のアサヒの売上高は六五五一億円とキリンの半分強だったが、この年に投入した広告宣伝費はキリンを四二億円上回る三〇八億円。販売手数料を加えた販促費全体では、売上高のほぼ一割に当たる六〇六億円に達していた。

ちなみに、スーパードライ発売前のビール業界で、年間二〇〇億円以上の広告宣伝費を投じていたのはキリンだけ（サントリーの場合は、ウイスキーや清涼飲料などすべての商品を含めると二〇〇億円以上は軽く使っていたが）。「四社合わせても四〇〇億円程度」（サッポロ幹部）で、アサヒなどは一〇〇億円にも満たなかった。これを樋口が「こんなことでは売れるものも売れない」と思いっきり引き上げたのだが、三社も追随して、「ビール戦争突入後は四社合計で広告宣伝費は一〇〇〇億円を超えた」（サッポロ幹部）。

設備投資にしても、樋口の社長就任前は一〇年間で四〇億円程度の金額だったが、スーパードライのヒットにより、一年間で四〇〇億円にしてしまう。この結果、工場現場では、「こんな大きなお金を、どう使えばいいんだ」と戸惑うシーンも見受けられた。現在は朝日啤酒（上海）産品服務有限公司の総経理（社長）を務める大澤正彦は、当時は名古屋工場にいた。大澤はこんなことを言う。

「それまで設備は、石川島播磨や日立造船に発注してました。ところが、彼らはアサヒが要求する納期に対応できないと言ってきた。そこで、発注先を三菱重工に替えたのです。三菱重工は造船用の生産設備でビールの貯酒タンクを製造して納期に対応した。（キリンと同じ）三菱系への発注など、従来は考えられなかったのですが、樋口さんはそうした前例やしがらみを、ことごとく打ち破っていった。お陰で、名古屋工場は短期間に生産能力が一〇倍となったのです」

単純に金額を増やしただけではなく、設備投資でも前例にないことを恐れず断行していったのは、樋口の経営の特徴だ。九一年に本格稼働を始めた茨城県守谷市（当時は守谷町）の茨城工場建設計画は、樋口が缶コーヒーの主力工場だった柏工場の従業員の前で挨拶した際、「今度、守谷にビールの新工場をつくる」と堂々と話してしまう。八七年夏の出来事だった。ビールは酒税が大きいだけに、新工場建設には財務省（当時は大蔵省）への〝お伺い〟は不可欠。そうした慣行さえも、樋口は無視したのだが、慌てたのは本社サイドだ。翌日、本社のしかるべき立場の幹部から、柏工場に「社長の発言はなかったこととしてほしい」と指示が出されるが、その時には、守谷市とは目と鼻の先の柏市やその周辺に住む社員がみな聞いた後だった。九〇年には、その茨城工場建設費などに二〇〇〇億円近くも投じる。

樋口が就任した八六年から茨城工場がほぼ完成する九〇年（同工場の竣工は九一年四月）までの総設備投資額は四一三八億円。これにより、生産能力は五倍となり、おう盛なスーパードライの需要に対応できる生産能力を整えていった。売上高はこの五年間で三・一倍、経常利益は五・三倍と急拡大させて〝奇跡の復活〟を主導した。

この短期間での巨額な設備投資を支えたのは、やはりエクイティファイナンスだった。公募増資、転換社債、新株引受権付き社債により、五年間に調達した資金は四八〇〇億円を超え、設備投資額よりも大きかった。

〝奇跡の復活〟は危機の始まり

評論家的に言えば、アサヒがこの時期に躍進したメカニズム（仕組み）とは、シェアアップにより株価が上昇し、次に高株価を背景にしたエクイティファイナンスを実施。それで調達した資金を設備投資や販促費に回し、さらなるシェアアップにつなげていくというプラスの循環だったろう。商品戦略と財務戦略との有機的な組み合わせに支えられていたわけだが、前提はシェアアップと株高にあった。このどちらかが止まっても、循環は壊れていく。

八九年一〇月、アサヒ復活の象徴であるかのような新本社ビルが、かつての吾妻橋工場の跡地に完成。浅草地区の名物となり、一一月には創業一〇〇周年記念事業も行われる。

だが、アサヒを支える柱の一つである金融市場の方は、すでに後退局面を迎えようとしていた。八九年一二月二九日、日経平均株価は三万八九一五円八七銭の過去最高値を記録し、四万円の大台目前まで迫ったが、これをピークに下降曲線を描くことになる。九〇年四月には金融機関に対する不動産融資の総量規制が行われ、バブル経済は崩壊していく（その後旧大蔵省は、九二年一月に総量規制を廃止）。

なのに、樋口は積極策を崩さなかった。エクイティファイナンスが実施できない分は、高コストの借り入れなどでまかない、大掛かりな設備投資ばかりか海外投資を断行するなど、イケイケドンドンを貫いたのだ。当然、財務体質は悪化の一途をたどる。こうして九〇年以降、アサヒの有利子負債は急激に増えていくのだが、この樋口のやり方をアサヒ内部でも批判的に見る男がいた。

樋口の後任として、九二年九月から社長を引き継ぐ、瀬戸雄三である。

瀬戸は八六年に常務取締役大阪支店長から常務のまま営業本部長となる。その後、営業本部長として八八年には専務、九〇年には副社長に昇格していく。

「借金がこんなに増えて、大変なことになっている。一体、樋口さんはどうするつもりなのだろう」

と、瀬戸は思った。瀬戸は、当時を振り返りながら次のように話す。

「私は随分、樋口さんに意見を申し上げた。でも、もう誰も、樋口さんを止めることはできなくなっていた。そして、危機は膨らみ、現実のものとなっていったのです。アサヒにとっての危機の始まりは実は八七年だったと、私は思うんです。スーパードライが売れ、生産が追いつかず、お願い箱数を設けて販売量を管理した。お客様よりも、メーカーの都合を優先した行為に及んだ時点で、アサヒには驕りが出ていた。さらに、『スーパードライをヒットさせたのは俺だ』などと言い張る人間が、社内に何人も現れていく。ヒットさせたのは、決して一人の手柄ではないのに。

一度驕ってしまうと、箍《たが》は弛み、危機は必ずやってくるものです」

前出の二宮は商品の大ヒットにもかかわらず「アサヒには驕りがなかった」と話したと記したが、瀬戸は「驕っていた」と見解はわかれる。これは、中間管理職として現場に張り付いていた二宮と、既に営業部門の総大将として経営の中枢で全体の指揮を執っていた瀬戸との立場の違いによるものなのかも知れない。

それはともかく、もうひとつの前提であるシェアにおいても、旧大蔵省が総量規制を実施する直前に当たる九〇年三月二二日に、キリンが発売した「一番搾り」がヒット。スーパードライの独走に急ブレーキがかかってしまう。

この頃樋口は、「横綱が頭をつけると、本当に強い」などと、一転して弱気な発言もするようになるが、本業の伸びは止まる一方で有利子負債が大変な勢いで膨らんでいく。九〇年代後半から、二一世紀にかけて破綻していった大手企業、あるいは深刻な経営危機に直面していくダイエーなどと同じ道を、九〇年から九二年にかけてアサヒは実は突き進んでもいた。

第3章　一人の人間ができることには限界がある

高額な〝授業料〟

商品戦略の誤算から生まれたヒット

スーパードライの独走を止めたキリンの「一番搾り」は、ややラッキーな面をもつヒット商品だ。というのも、ある偶発的な出来事から、キリンにとっての戦略商品にならざるを得なくなったためである。アサヒにやられ放題で、八九年にはシェア五〇％を割ったキリンは、反転攻勢を期したが、その中核に据えたのはやはり主力のラガーだった。

「市場で最もシェアの高い商品であるラガーを強化して、スーパードライの勢いを止める」

これがキリンが描いたシナリオだった。実際、販売シェアで見ると八九年はアサヒ二四・二％に対して、キリンはその倍の四八・八％。この差は、そのまま主力であるスーパードライとラガーの差であった。

九〇年一月九日午後三時から、霞が関の農水省記者クラブで本山英世社長、ビール事業本部長の中茎圭三郎専務らが出席し、キリンはこの年の事業方針を発表する。

ラガー強化策として、テレビ界では初の試みである一年間を通したドラマ仕立てのCM、『ラ党の人々』を一月一六日から放映開始するという点が記者達の関心を引いた。主演には、現在もCMで高い人気を誇る女優の松坂慶子を起用。ドラマが展開するようにCMの中身は毎月変わり、季節の移ろいに応じた形でラガーの訴求を狙うものだった。この時点で、一二月分までの制作はほぼ完了していた。

さらに、ラガーの派生商品である、グリーンのボトルを使った「マイルドラガー」を二月に発売することも発表。一方で、新製品である一番搾りは、三月に発売すると付け加えるように発表していた。

だが、キリンが対アサヒを念頭としたラガー強化作戦は一週間で崩れてしまう。一月一六日、『ラ党の人々』に出演していた大物俳優のK（故人）が、ハワイの空港で、大麻などの所持容疑で米国当局に逮捕されてしまったからだ。大麻を下着に隠して持ち込もうとしたことから、「パンツ事件」などとスポーツ紙や夕刊紙では報じられる。CM放映が始まった直後の出来事だったが、この時のキリンの対応は素早かった。翌一七日には、放映を自粛。テレビ界初のビッグチャレンジは〝幻の大作〟のまま、お蔵入りとなる。

この結果、キリンは経営資源を一番搾りに集中。一番搾りは初年度に当たる九〇年、三五六二万箱も売る。八七年のスーパードライ以降二〇〇一年まで、四社はビールだけで二〇〇を超える銘柄を発売したが、季節限定などのニッチ商品を除けば現在も残っているのはスーパードライと一番搾りだけである。

開発を指揮した前田仁・現酒類営業本部マーケティング部長は、「スーパードライに対抗する大型商品として、技術者二人を含め四人で一年間かけてつくった製品。消費者調査もきちんと行い、決して偶然売れたわけではありません」と反論する。しかし、「パンツ事件」は、キリンにとって商品戦略を狂わせただけでなく、社長人事にも影響を与えた。ポスト本山の有力候補と目されていた宣伝担当役員が、事件の責任を感じて本山社長に辞表を提出、そのまま受理されてしまったのだ。

本山は八四年四月に社長に就任したので、本当は三期六年の任期を迎えた九〇年に退任する予定だった。しかし、シェア急落を憂い、もう一期二年、続投を表明していた。

本山は一九二五年生まれ（大正一四年）で、樋口とは同学年。日暮里の開成中学（現在は高校）から陸軍士官学校に入学。戦後、一橋大学を卒業してキリンに入社。アサヒの牙城だった大阪で、営業成績を伸ばして社長の座を掴む。二五年生まれにしては一八〇センチもあろうかという長身で、会見など公式の場では直立不動で口数は少なく、怖い顔で軍人然としている。

しかし、新聞記者の個別取材では「俺は陸軍の学校に行っていたから英語ができなくてね。だから、国内産業であるビール会社に入ったんだ」などと、公の場とは別人のように気さくに話す。また、社内のゴルフコンペの際、本山と一緒にラウンドした若手社員が、社長と同じ組とのプレッシャーから大叩きをしてしまう。ラウンド後、本山は「今日は緊張したか？　随分ボールをなくしたなぁ」と声をかけただけでなく、後日この若手にネーム入りのボールを三ダース届けたという話もある。こうした気さくさや細かな気配りが、〝敵地〟大阪で営業を伸ばした理由だろう。

いずれにせよ、二年後には退任するとしながらも、後継を確定する以前に、アサヒを抑えてキリンの首位を再び盤石にしていく――これこそが、続投した本山の悲願となった。

一番搾りが発売された直後の九〇年三月二七日、サントリーでも一九六一年以来二九年ぶりのトップ交代が行われた。第二代社長の佐治敬三が会長となり、敬三の甥であり副社長の鳥井信一郎が社長に就任した。佐治敬三の長男、信忠はこのとき副社長として代表権を持つ。ちなみに、サントリーは一九一三年（大正二年）に寿屋洋酒店として鳥井信治郎の手により創業。信治郎の長男が吉太郎（三一歳で早世）、次男が佐治敬三。鳥井信一郎は吉太郎の長男に当たる。

ライバル二社の海外戦略の明暗

スーパードライ独走にブレーキをかけた新製品、一番搾りが快走しながら、商戦の山場を迎えていた八月上旬の某日のことである。当時は原宿にあったキリンビール本社では、取締役経営企画室長を務めていた佐藤安弘が午前と午後、まったく同じ用件で二組の来訪を受けていた。

午前中にやってきたのは、アサヒとも関係が深いコンサルティングファームの代表。午後は大手証券系のM&A（企業の合併・買収）仲介会社幹部。著名人でもあるコンサルティングファームの代表は、「キリンさんは、何と言ってもビール産業のリーディングカンパニーです。ですから、これからお話しする案件は、まずキリンさんにお持ちしました」と、流暢な口調で切り出した。

その案件とは、オーストラリアに本部を置く世界四位のビールメーカー、フォスターズ（当時はエルダーズIXL社）への資本参加という内容だった。タッチの差ではあるが、同一案件だったため、佐藤は交渉相手をコンサルティングファームに絞り、事情を話して証券系との交渉はその場で断る。

フォスターズはイギリスやカナダなど世界二二カ所にビール工場を持つ。世界進出という点では魅力的な案件ではあった。だが、問題もあった。フォスターズはコングロマリット（複合企業）であり、実はビール以外の事業はほとんどが赤字だった。また、出資比率は、現地の法律から外国企業に最大許される一九・九％（第二位株主になる）。必要な資金は「一〇〇〇億円から一五〇〇億円と算定してました」（佐藤）と巨額だったのだ。フォスターズはもともと、創業者のジョン・エリオットが小さなジャム会社から始めて、相次ぐM＆Aにより巨大複合企業に発展させた歴史をもつ。短期間でのM＆Aのツケが経営を圧迫させていた。

早速佐藤は、持ち込まれた案件を緊急に招集された役員会に諮る。佐藤が説明を終えると、社長の本山は言った。

「君たちがやりたいのなら、私は反対はしない」

国内シェアの復興に賭けている本山は、下駄を次代に預けてしまう。

「キリンが世界に打って出る、またとないチャンスです。やりましょう社長」

「フォスターズブランドのビールを日本でも扱えます」

中茎や宮野友次郎マーケティング部長ら、本山の子飼いであり主流のビール事業本部からは積極論が相次ぐ。しかし、この日には結論は出ず、夏季休暇を挟んで一カ月間にわたり議論が繰り広げられた。

佐藤は、コングロマリット全体への資本参加には反対だった。業績が悪化している外国のコングロマリットの経営など、日本の一ビール会社が担えるものではない。場合によっては、出資分だけ体よく取られてしまうだけではないか。投資に対するリスクは、あまりに大きいと感じた。そこで佐藤は、コングロマリットとしてではなく、ビール事業部門だけを切り離して出資はできないかと、コンサルティングファーム代表に打診する。代表はフォスターズに照会するが、「スキームの見直しはできない」との回答が返ってきた。

九月に入った役員会で佐藤は「ビール事業だけならば、我々の力でもやっていけるでしょう。しかし、その条件を向こうは呑んではくれません。行き詰まっているノンバンクや不動産をどうやって立て直していくのでしょうか。ビール屋の仕事とは思えません」と主張。推進派を力で抑え込み、見送りで決着させ、その日のうちに、浅野直道、深見弘平（いずれも現在はキリンの役員）ら部下を三人従えて、佐藤はコンサルティングファーム代表を訪ね、丁寧に断りの意思を伝えた。

代表は「分かりました。では、この話はアサヒさんに持っていきます」と佐藤らの顔を見渡して言った。そのほぼ一週間後に当たる九月一五日。敬老の日であるこの日は土曜日だったが、日本経済新聞朝刊一〇面に「アサヒビール、世界4位ビール会社に出資」の見出しが躍った。

これからテニスに出掛けようと、自宅で朝食をとっていた佐藤は、新聞を開いたまま飲みかけのコーヒーをこぼしてしまう。

「アサヒは即断で決めたようだ。あるいは、別の仲介者によるものなのか。それにしても、樋口さんは思い切った賭けに出たものだが、どうして決断したのだろう」

その樋口はこれ以降、マスコミの前に姿を現すたび、世界戦略への抱負を生き生きと語っていた。

「フォスターズの販売網を使い、スーパードライを世界中に売り込む」

だが、結果を先に示してしまうと、佐藤の読み通り、フォ社への出資は失敗に終わる。樋口自身、日経新聞二〇〇一年一月一〇日付の「私の履歴書」で〈フォスターズ社への投資では授業料を払った〉と記している。

当初、一一〇〇億円と目されていた出資金額は、折からの円高により一一月の実際の払い込みは八四〇億円程度で済み、スタート時点は幸運に恵まれた。いや、ラッキーだったのはこの時だけかも知れない。

経営不振のフォ社はアサヒの出資後、配当を見送ったばかりか、役員間で経営路線を巡り内部対立が表面化。出資に伴う負債の金利分を配当で賄おうとしていたアサヒにとって、〝お家騒動〟は誤算だった。フォ社再建の遅れはアサヒの急所だった財務面にとって痛手となる。九二年六月期には、フォ社は九億五〇〇〇万豪ドル（当時のレートは一豪ドル＝約九〇円）もの赤字を出した。第二位株主となったアサヒでは、住銀出身で経営手腕が高いと評された岩城耕一郎専務がフォ社非常勤役員に就任、さらにフォ社の持ち株会社としてオーストラリアに設立した子会社への金融支援を行う。それでも、フォ社は思うように再建できなかった。

最終的には、瀬戸社長時代の九七年夏、アサヒは保有していたフォ社株の大半を売却。フォ社が約五五〇億円で買い戻した。七年近くに及ぶ大株主時代には、九四年からフォ社傘下のカナダ・モルソン社でスーパードライの現地生産を始めるなど海外戦略も一部には見られたが、当初の期待ほどの効果は得られなかった。

瀬戸はいま、フォ社について次のように語る。

「『あれ（フォ社）がなければ』と何度思ったことでしょう。フォスターズ本体だけですと、三〇〇億円程度の損ですが、為替差損やらすべてを入れると、五〇〇億円近くの損失を出したのです」

本当に高額な〝授業料〟だったのだ。

再編・M&Aに翻弄され続けた会社

では、なぜ樋口はそもそもリスクを承知でフォスターズへの資本参加を決断したのか。海外戦略を強化しようとする経営的な狙いはあったろう。だが、それだけではない。樋口の出身母体である住友銀行の存在が、どうしても見え隠れする。経営難に直面していたフォ社にとって、アサヒの出資は〝頼みの綱〟だった。そのフォ社に住銀は、どうやら融資をしていた。

この点を直接、樋口から確認したことがある。九一年四月一三日。この日は前出の茨城県守谷市（当時は守谷町）に完成した茨城工場に、農水省記者クラブの記者達が招かれて、工場見学会（お披露目）が実施された。広大な工場を見学した後、会議室で会見が開かれ、壇上には樋口がいた。祝いの席でもあり、ベテラン記者と樋口との間で、問題のない退屈なやりとりが続き、時間通りに終了となる。

エントランスに続く長い廊下を、筆者は記者達の最後尾で歩いていたが、樋口がツカツカとやってきて、「最近は何か、面白い話はないかい」などと笑顔で話しかけてきた。

そこで筆者は、極力何気なく「エルダーズ（フォ社）ですけど、住友銀行が相当融資していたようですね。エルダーズに資本参加したのは、住銀から頼まれたからじゃないのですか」と返した。

すると樋口は間髪を入れず、

「バカ言え！ 融資してたのは住銀だけじゃない。邦銀はみんな融資してたんだ。あそこがおかしくなれば、大変なことになるんだ」

と、一気にまくし立て、不機嫌そうな表情でそのまま先に行ってしまった。

翌九二年の五月に、都内のホテルで開かれたマスコミとの懇親会でも、会場の片隅で樋口は筆者にフォスターズについて語っている。

「フォスターズへの出資比率を五〇%まで認めてくれるよう、現地当局にお願いしているんだ」

「でも、現状の二〇%弱でも八〇〇億円から使っているのに、そんなお金がどこにあるのですか」

「何言ってる。俺はこれまで、住銀から五〇〇〇億円借りたんだ。なぁに、貸してくれるよ」

樋口はしたり顔で話した。

だが、この時、樋口は筆者に、M&Aに絡む海外戦略以上に重要なことを話した。

「九月に就任する俺の次の社長は瀬戸を考えている。頭の良い奴は他にもいるが、瀬戸には社内からの人望がある」

一二月決算であるアサヒの社長交代は、本来は三月の株主総会後の取締役会で決まる予定だった。八六年に社長に就任した樋口は、九二年三月で三期六年の任期を迎えてもいた。だが、「ビール商戦が本格化する三月にトップが代わるのは良いことではない。商戦が一段落する九月に交代する」と、前年暮れから樋口は半年間の〝続投宣言〟を出していたのだ。

アサヒのある幹部は、「あの頃、瀬戸さんが私達を前に『みんな樋口さんに言いたいことがあるだろう。この際だから、何でも言え。代わりに俺が言ってきてやる』とやるのですが、発言をする人間は誰一人いませんでした」と振り返る。瀬戸自身は「私は樋口さんに、随分苦言を呈してきたから、まさか社長に指名されるとは思ってもいなかった」と話す。

そして、九二年七月中旬の猛暑の午後。農水省記者クラブに樋口と瀬戸が並び、社長交代会見が開かれた。九月から副社長の瀬戸が社長に、樋口は会長となる人事が正式に発表された。アサヒにとっては、一九七一年に中島正義が社長から会長に退いて以来、二一年ぶりのプロパー社長の誕生である。

瀬戸によれば「（社長を）打診されたのは、会見の直前でした」などと、いまでも言う。二人からは特別な発言はなく、型通りの会見が終了。記者に囲まれている瀬戸を残し、樋口はクラブ内のソファーに一人で座ると「聞きたいことがあったら、何でも答えるよ」と、居合わせた数人の記者に言った。

そこで筆者は、「在任六年強の間で、一番大変なことは何でしたか」と、当たり障りのない質問をした。すると、意外な答えが返ってきた。

「それはね、宮崎輝さんだよ。今年四月に亡くなったけどね（享年八二歳）。宮崎さんは最初、ニッカ（アサヒビールの子会社のニッカウヰスキー）が欲しいと言ってきた。ところが、それでも飽き足らなかったのか、しまいにはアサヒビールそのものを欲しいと言ってきたんだよ。僕の社長時代は、どう宮崎さんに対抗するかで、多くを占められた。スーパードライのヒット、設備増強のための資金調達、フォスターズへの資本参加といろいろやってきたけど、宮崎さんと比べれば、みな小さなものだったよ」

宮崎輝は旭化成工業のドンと呼ばれた経営者。六一年から八五年に会長に就くまで二四年間も社長の座にあり、会長となってからも事実上のトップとして君臨。オーナー系を除けば、大企業のトップとしては異例の長期政権を維持した。

旭化成とアサヒビールとの結びつきは一九八一年、京都に本部がある医療法人の十全会が買い占めたアサヒ株一〇%を、住銀頭取だった磯田の仲介により旭化成が引き受けてからである（八一年一〇月には両社は提携し、人事交流も実施。現在もアサヒの社外取締役に山口信夫・旭化成会長が就いている）。

八一年当時のアサヒビール関係者の証言によれば「十全会に仕手を止めるよう指導してもらうために、（十全会の監督官庁である）厚生省（現在は厚生労働省）にお願いにも上がった」そうだが、宮崎は樋口の社長時代にアサヒに触手を伸ばしていた。

宮崎とすれば、日本酒や焼酎、原料用アルコール、缶チューハイなどをもつ旭化成の酒類事業拡大のためには、アサヒビールやニッカが必要と判断したのだろう。アサヒビールグループを手中に収めれば、最近の言葉だが、「総合酒類化」が実現できる。当時としては、先見の明と言っていい。

ちなみに、宮崎が急逝して一〇年が経過した二〇〇二年四月、アサヒビールが旭化成の焼酎・低アルコール事業を買収すると発表した。アサヒは総合酒類の展開を強化し、一方の旭化成は不採算事業を売却して化成品や住宅などの主力事業に経営資源を集中させていく考えだ。一〇年を経て、主客が逆転した形となった。

それはともかく、樋口体制が終わる九二年までのアサヒの歴史には、これまでも述べてきたように、再編あるいはM&Aの要素がいつもついてまわった。アサヒビールという形で存在し続けたのが不思議なくらいである。大きな力により、いつも翻弄され、再編の波に晒されていたのだから。もっとも、酒類業界として捉えるなら、再編やM&Aの波は、これからが本格化すると見るのが正しいだろう。アサヒによる旭化成の事業買収、さらに同時期のアサヒによる協和発酵の酒類事業買収などは、その一端にしか過ぎない。

樋口の住銀時代のボスである磯田は九〇年一〇月七日、この日は日曜日だったが、午前中に緊急の辞任会見を行う。前日、北青葉台元支店長が支店の顧客から仕手グループ代表に巨額の融資をさせる仲介をして、出資法違反容疑で逮捕されたことを受けての引責辞任だった。磯田個人の晩節を汚しただけでなく、銀行の社会的な信用を失墜させたが、もし、磯田辞任が一カ月早かったならば……ちょうど、アサヒによるフォ社への出資を決めたのが九月だったから、キリン同様に出資を見送りフォ社が樋口による〝負の遺産〟とはならなかったのかも知れない。もっとも、樋口自身は海外戦略への意欲は高く、磯田の去就とは関係なくやはり打って出ていた可能性も高い。

樋口は、社長時代の後半、こんなことを言ったことがある。

「アサヒの社長になって、最初はすべてがうまく運び、ビール会社の社長とは、かくも簡単なことかと感じた。だが、時間が経過するのにしたがい、何事も思い通りにはいかないと実感したよ。一人の人間ができることには、限界があるものだ」

ガリバーの捲土重来果たせず

一方、フォ社への出資を持ちかけられたライバルのキリンも、九二年三月に予定通り社長交代していた。捲土重来《けんどちょうらい》を期して続投した本山にとって、復活の基準値になるのはシェア五〇％回復である。本山政権の最後の年である九一年は、アサヒがスーパードライに代わる大型新商品というふれ込みで、三月に「Z」を発売したものの不発に終わり、キリン優位なまま推移する。だが、スーパードライはギフトなどで、予想以上に健闘。年末を迎えた段階で、キリンの五〇％確保は微妙な状況になっていた。

ここで本山が後継指名したのは、人事部門出身の真鍋圭作。本山自身も含め、営業部門出身者が社長に就いてきた、それまでの流れを本山はあえて変えたのだ。「アサヒを抑えられ、キリンのビール事業は盤石との判断が本山さんにあった。むしろ、医薬や花卉など多角化を推進でき、さらに八九年の成果主義的な人事制度導入などから、バランスよく経営全般を見ることのできる人材として真鍋さんが選ばれた」（当時のキリン幹部）という。九〇年発売の一番搾りのヒットから、キリンのシェアは八九年に四八・八％と五割を切ったものの、九〇年は四九・七％と下げ止まった。逆にアサヒは二三％台で伸びが止まってしまった。

そして、本山時代末期の九一年のシェアを巡り、ある問題が発生する。九一年の年末から九二年の年初にかけてのことである。

ビール商戦の熾烈化から、新聞各紙は毎月、各社のシェアを紙面に掲載していたが、この時期、シェア算出のもとになるデータはビール四社が月初に公表する自己申告による出荷量だった。このためキリンは、「ライバル社が水増し申告している。当社のシェアは本当はもっと高く、シェアは五〇％を回復」と、暗にアサヒへの批判を始める。キリンを除く三社のなかでも一番シェアが高いのはアサヒであり、アサヒの申告数値がキリンのシェアに影響を与えたためだ。

キリンのこうした動きに対して、一部の新聞が「ビール業界、シェアを巡り〝場外乱闘〟」、「背景にキリンのトップ人事・五〇％花道に社長勇退」などと、半ば面白おかしく報道した。

ビール四社は事態を深刻に受け止め、業界団体であるビール酒造組合（この時は樋口が会長）で協議。この結果、九二年からは、従来の自己申告を改め、酒税算出のもとになる工場から実際に出荷された量を表す「課税移出数量」（課税出荷量）を公表するように変わる。以来、現在も新聞に掲載される各社のシェアは課税移出をもとに計算されている。

出荷量は正確になったが、発表されるのは月初めではなく数字がまとまる一五日前後になった。また、ビール酒造組合に加盟している沖縄のオリオンビール（二〇〇一年のシェアは〇・八％）も対象となった（出荷量の公表はその後各社で毎月行われていたが、二〇〇一年からキリンとサッポロが六カ月毎、サントリーが三カ月毎に改めてしまう。いたずらにシェア争いを増長させるため、というのが変更した理由だが、アサヒだけは従前と変わらず毎月出荷量を開示している）。

では、九一年のキリンの本当のシェアはどうだったのか。

キリン自身が公表している課税移出数量で四社を対象に計算すると、四九・九五％。ほんの僅かだが、五〇％には達していなかった。ちなみに、九二年以降は五社体制となったのだが、現在までキリンは五〇％を超えてはいない。

「本山さんの判断とは裏腹に、まだキリンのビール事業は完全に立ち直ってはいなかった。特に営業部隊では、営業力が要求される業務用分野において、アサヒや、ウイスキーをコアにするサントリーにやられていた。キリンを支えていたのは、長年のキリンブランドであり、自動車のトヨタや家電の松下同様に、消費者にとっての、『ビールなら何となくキリン』という曖昧な部分だったと思う」（前出のキリン幹部）

九二年一月の退任会見で本山はこんな発言をしている。

「シェア五〇％に関して私は何も指示していない。部下達が私を思うあまり動いたこと」

本当の再建が始まる

社員に明かせなかった財務の危機的状況

アサヒのプロパーである瀬戸の社長就任は、アサヒにとって〝第二の創業〟だった。というのも、本当のアサヒ再建は、この時から始まったのだから。

それまでの積極果敢な設備投資、さらには海外投資などから、「連結ベースの有利子負債は私が就任した九二年末の段階で一兆四一一〇億円にも達していた。この年のアサヒの連結売上高は九四九〇億円。売り上げの実に、約一・五倍に相当する借金があったのです」と、瀬戸はいま静かに話す。

しかも、それだけではない。バブルに踊り、財テクにのめり込んでいたため、九二年末時点の連結で特定金銭信託残高（特金）が二七四〇億円もあり、含み損を抱えていて損切り処理を迫られていた。

「こんな実態は間違っても社員には伝えられませんでした。スーパードライがヒットして、みんな張り切って仕事をしていたのですから」

現在と違い、当時は連結ではなく単体で経営情報を開示するのが一般的だった。一九九六年八月一九日付の「日経ビジネス」（日経BP社）に掲載された「アサヒビール、強さの死角」というレポートには、アサヒ単体の有利子負債と特金の推移が、年毎に棒グラフで描かれている。これによれば、九〇年に一気にグラフが跳ね上がり、九二年は九一年と並びまさに最大で、合計値が七〇〇〇億円台の後半、うち有利子負債は六〇〇〇億円前後と見て取れる。

財務の危機的な状況を社員に明らかにしたのは、「（九九年一月に社長に就任する）福地（茂雄）さんの時代になってからでした。社員で知っていたのは経理ぐらいでしょう」と瀬戸は内情を吐露する。役員のなかでも財務状況を正確に把握していたのは、ごく一部だった。

社長就任時、瀬戸は社員に向かって、「原点に帰ろう」と訴えた。瀬戸の言う原点とは、基本に忠実、常に積極的な考えをもつ、そして常に心のこもった行動をする――の三つである。

「社長が発する言葉というのは、単純明快でなくてはなりません。難しい言葉を使ってはいけない。私の三つの言葉は当たり前のこと。しかし、企業経営で最も大切なことは、当たり前のことをトップが分かりやすく話し、そしてみんながきちんと実行することなんです。私は、アサヒビールの立て直しを、原点からやっていこうと決意しました」

瀬戸の就任は九月一日だったが、八月の盆休みには蓼科の山荘にこもり、再建案を練っていた。巨額すぎる有利子負債を抱えながら、しかも社員には本当のことを明かさずに、どう舵を取っていけばいいのか……その重圧からか、急性胆のう炎となり、地元の病院に入院してしまう。さらに、このとき膵《すい》炎を併発していて、危うく一命を落とすところだったのだ。

瀬戸は、経営者として命がけでアサヒ再建に取り組んでいく覚悟だった。

「樋口さんの最後の三年間、つまり九〇年から九二年というのは、シェアは横這いかマイナスでした。停滞してしまった真の原因はどこにあるのか。壁にぶち当たったとき、まずやらなければならないことは、徹底した原因追究です。追究が疎かになると、解決策や打開策は表面的になり、成功はしない。特に企業というものは、落ち目になると、浮足立ち、焦ってしまい、表面的な解決策に終始するようになってしまうものなんです。

さらに大切なことは、一番難しい問題解決から入っていくことなんです。最大の懸案を先送りしてしまうと、危機はそれだけ膨らんでいくものです」

これは、企業組織だけではなく、個人にも、場合によっては国家にも当てはまる言葉だろう。

「八〇年代の経営危機の時には、村井さんが読書会を開いていたわけですが、不振の真の原因を、消費者ニーズの把握がなかったことに尽きると結論した。

ところが、九二年当時のシェア低迷の原因は何かといえば、商品のヒットにより社員が傲慢になったり緊張感を欠いたりと、私たちの内部にあったのです。このことは、就任時のスピーチで、私は赤裸々にみんなに話しました」

そのうえで、瀬戸が九三年一月に具体的に打ち出した経営方針は、「売り上げの拡大と効率化」だった。巨額の有利子負債と売り上げが逆転しているから、売り上げを増やさなければ借金は返せない。有利子負債の穴埋めを売り上げ拡大によりカバーしていき、一方で、年間一〇〇億円規模でコストダウンを進める。これが瀬戸の掲げた方針だった。

「本当は有利子負債の削減、とズバリ言いたかったのですが、言えなかった。それでも、私も人の子。気の置ける部下数人には、有利子負債と特金の実態を打ち明けました。彼らは危機的な状況を知りながらも、アサヒを離れることなく死にものぐるいで働いてくれました」

売り上げ拡大のため「ビールの鮮度を高める」

もっとも、売り上げを拡大せよと、新任のトップが訴えても、アサヒは三年間も〝踊り場〟の状態が続いていて、すぐにシェアが上昇するものでもない。売り上げ拡大という、会社としての目標に向かって、全社員が一丸となるための具体的なテーマが必要になる。

そこで瀬戸が旗印として選んだのが「品質」だった。

醸造酒であるビールの品質とは何か、それは鮮度である。そして、鮮度を高めるために始めたのが「フレッシュマネジメント」である。

フレッシュマネジメント（FM）とは、工場で生産したビールを従来よりも早く、市場に供給する新しい仕組みだ。当時は工場内で瓶および缶に詰めてから出荷まで一〇日かかっていた。さらに工場の門を出てからアサヒの配送センター、特約店（問屋）を経由して酒屋の店頭までが一週間程度と、合計で約一六日を要していた。これを、IT（情報技術）の利用により瓶や缶に詰めてから、一〇日以内に酒屋の店頭に並べるようにしていくというものだ（九八年以降は製造から店頭まで約七日）。

現在は執行役員（SCM＝サプライチェーンマネジメント＝本部長）で、九三年当時は物流企画課長を務めていた本山和夫は「FMは従来の発想を捨てて、革新的な手法で取り組まなければならなかった。要は、調達、販売、生産、物流、購買を一貫してITを使って管理するやり方に変えたのです。瀬戸社長が委員長となるフレッシュマネジメント委員会が発足したのは、九三年三月でした」と話す。本山は七二年入社、前出の二宮とは同期に当たる。

八〇年代後半に、スーパードライを増産するため、工場内の倉庫を生産ラインに置き換えていったおかげで、九二年の段階でアサヒには倉庫に代わる配送センターが全国に四五カ所もあった。これを一気に二二カ所に削減。工場から問屋に直送する割合を従来の六三％から九〇％へと高めていった。「これにより、瓶詰め後四日で特約店に配送できるようになりました」（本山）。ビールの鮮度が上がったのは言うまでもないが、社内在庫を圧縮できてコストダウンへと結びついていったのも大きかった。同時に、特約店や酒販店の流通在庫も抑えて、鮮度を上げていったのである。

瀬戸が打った戦略で特徴的なのは、売り上げ拡大という大目標に対して、新商品を開発するのではなく、FMという業務の見直しを手段とした点だ。巨額の債務を抱えていて、しかも社員にも明かすことのできない状況で、新商品という「ないもの」ではなく、「あるもの」で立ち向かった。商品はスーパードライひとつに絞り、その品質を市場に対してひたすら訴求した。

つまり、強固な財務体質を背景にした〝フルライン〟と呼ばれる、キリンの多品種商品展開に対し、アサヒはスーパードライの〝一本足打法〟で対抗したのである。正確に表現するなら、主力のスーパードライにすべての経営資源を集中するしか選択肢はなかったのだ。この時点で、両社の商品戦略は正反対となる。例えるなら、フルラインのキリンが〝鶴翼《かくよく》の陣〟を敷き、スーパードライ一本のアサヒは〝魚鱗の陣〟で中央突破を図る、という構図である。

もっとも、FMについては、こんなふうに話すアサヒ首脳もいる。

「物流のリードタイムを短縮できた本当の理由は、ITではない。売れなかった時代、アサヒの工場は注文が入ると出荷するといった受注生産に近い形で回していたからだ。こうした自転車操業の経験が実は大きかった。こんなみっともない経験がない他社ではまねのできない技であり、見方を変えれば、当時の弱みが強みに変わったということ」

また、一番搾りが大物俳優の緒方拳をテレビCMに使ってヒットしたのに影響され、樋口時代にはスーパードライに二枚目俳優を起用していた。これも瀬戸はやめる。現在、執行役員である二宮は、九一年にマーケ部の課長に昇格していたが、「アサヒのCMはあのとき、ぶれていました。瀬戸さんが社長となり、挑戦する男というイメージにCMを戻した。特に自社工場を舞台に鮮度を訴えたのは効果がありました」と告白する。

また、現社長の池田はプロパーである瀬戸登場について、こんなふうに語る。

「そりゃ、やる気が出ましたよ。我々の兄貴分がついに社長になったのですから。自分たちでも頑張れば、社長になれる道が開かれたのです」

二宮は「社内の雰囲気はガラッと変わりました。銀行の支配が終わったのですから」とさえ言う。

FM導入でシェアが上がったのは、委員会が発足して五カ月後の八月だった。

「新しいことに取り組んだら、目に見えた成果が表れないと、『やったけれど、なんだダメじゃないか』と、みんなの心は離れてしまう。八月というのは、ギリギリのタイミングだったと思います」と瀬戸は語る。

辛酸をなめてきたアサヒにヒーローはいらない

実は瀬戸が、ビールの鮮度向上に取り組んだのはこの時が初めてではない。一九七〇年、神戸の販売課長だった瀬戸は本社のビール課長に昇格した。当時アサヒはシェアを落としていた。その原因は工場の稼働率を維持するため、流通に対して無理な押し込みをしていたためだと瀬戸は考えていた。流通在庫が増えれば、消費者が飲むビールは古くて不味いものになるからだ、と。

そこで本社の課長になった瀬戸は、問屋の在庫を減らすことで、新鮮なビールを小売店に届ける実験を、静岡、愛知、香川、高知の四県を対象に実施する。ラジオCMには、東映のトップスター、高倉健を起用。四県でラジオCMを流し、「飲んでもらいます」と高倉が決め台詞を言う（これは高倉の代表作『昭和残侠伝』の名台詞、「死んでもらいます」のパロディーだった）。さらに四県ごとにポスターも制作。静岡ならば富士山をバックに美保の松原で高倉がアサヒのビールを飲んでいる、というデザインだった。

しかし、調査やCM制作などで、七八〇〇万円も費用がかかってしまった（ちなみに、七〇年の大卒初任給は三万六〇〇〇円）。瀬戸は、上司である部長の許可を得ていたが、部長から役員には報告がなされていなかった。このため、ちょうど七一年二月に、住銀常務からアサヒ専務に転出してきた延命直松の逆鱗に触れ、僅か一〇カ月で、大阪の販売課長へと瀬戸は左遷されてしまう。しかし、この時の鮮度への思いが、二十余年を経て社長に就任したとき、会社再建のための旗印として具現化されていったのである。

瀬戸は一九三〇年、神戸生まれ。父親の幸三郎は貿易商だった。隣家にはウシオ電機の牛尾治朗がいた。子供の頃、瀬戸は一つ年下の牛尾を弟のように可愛がり、二人は近くの舞子海岸でよく遊んだ。神戸三中（現在の長田高校）時代に終戦を迎えるが、戦時中は三菱電機から生産設備を教室に移設して、高射砲に使う照準装置を製作する勤労動員に従事していた。四五年八月、玉音を聞き、クラスの仲間と男泣きをした後、「次の米英との戦いに備えよう」と、半製品を筵《むしろ》に包んで校庭に埋めたという。純粋だった少年時代の瀬戸を彷彿とさせるエピソードだが、慶大法学部を卒業して五三年、当時の名門アサヒに入社する。

大阪への左遷ばかりでなく、瀬戸は何度かサラリーマンとしての危機を経験している。

八二年の年明け、社長になっていた延命の後任も、三代続けて住銀から選ばれるという話が出始めていた。住銀副頭取だった村井が社長に就任するのは八二年三月だが、村井内定の直前、第一営業部長だった瀬戸は、次の社長は、是非アサヒビールの人間にやらせてほしい、との〝嘆願書〟を、他の部長二人とともに署名捺印して延命に提出したのだ。シェアが落ち込み、八一年には五〇〇人の大規模なリストラが断行され、さらには十全会による株買い占めなども追い打ちをかけて、社内の雰囲気は暗く落ち込んでいた。この窮状を打破するためには、銀行出身者でなく、「ビールをよく知り、求心力となれるプロパーが舵を取るべきだ」と瀬戸は考えたという。クビをかけての青年将校三人による決起だったが、上からの返答は梨のつぶてだった。

ところが、当の村井から、京橋本社で会議をしていた瀬戸に突然電話が入る。

「話をしたいから、大阪まで来てくれ」

この時は住銀副頭取の立場だった村井だが、料亭で瀬戸を迎えると言った。

「今度は僕が行く(社長に就任する)」。新聞報道などで村井登板を予測していた瀬戸は、そう言われても取り立てて驚きはしなかったが、その場でアサヒの窮状に対する思いをありのまま訴えた。村井は静かに聞いていたが、帰りの車のなかで次のように言った。

「なぁ、瀬戸君。企業の社長なんてものは誰がなってもいいんだ。要は社員が幸せになればいいんだよ」

社員を幸せにするという言葉に瀬戸は感動を覚え、そして思った。

「辛酸をなめてきたアサヒにはヒーローはいらない。みんなで会社をよくしていくことが大切なんだ。村井さんは、俺達のことを思ってくれている」

瀬戸の〝下意《かい》〟を受けた村井は、前述したように、就任すると管理職を対象とする読書会を開催。読書会はやがて、スーパードライという起死回生への導火線となる。蟷螂《とうろう》の斧《おの》とも思えた決起だったが、アサヒ再生における重要な過程で実は大きな役割を演じていたのだ。

本業に集中し意思決定をスピードアップ

「瀬戸、どういうつもりだ。俺が始めたんだぞ。それを何でやめたんだ」

「会長、いまのアサヒには、本業以外をやっているような余裕はないのです。ですから、私が断ってきました」

話は九三年頃に戻る。樋口が始めたゴルフの冠大会、オペラ公演などを、瀬戸は次々にやめていった。売り上げを伸ばしながらコストダウンを進めなければ、巨額の有利子負債の処理ができないアサヒにとって、本業以外のイベントなどを整理していく必要があったのだ。

「樋口さんは『やり屋』で、私は『やめ屋』でした。先方に私が赴き、『本当に辛いのですが、いま会社は火の車なので』と事情を話して、ゴルフトーナメントなどのイベント、さらにはパリのレストラン事業などもやめていったのです」

瀬戸の社長就任により、樋口は吾妻橋本社から、かつての本社である京橋ビルに移る。

「京橋に行ったとき樋口さんは、部下が会長と社長の顔を見比べて迷うようなことがないようにと言っておられたけど、どうしても口出ししてきたのが実際でした。樋口さんには、自分がアサヒを立て直したという自負がありましたから。

しかし、転機は九四年、そして九五年にやってきました」と話す。

樋口は九四年二月に防衛問題懇談会座長に、さらに九五年五月には経団連副会長に就任する。「その頃から、樋口さんの軸足がアサヒから離れていきました」（瀬戸）。

二宮裕次は九一年にマーケティング部酒類営業企画第二課長となり、九三年九月にマーケティング部次長兼宣伝課長となっていた。

「瀬戸さんが、樋口さんが始めたオペラなどを、『俺が断る』とやめていく姿を見て、リーダーは瀬戸さんだと改めて認識し、心強く感じました」

瀬戸が社長三年目に入ろうとしていた九四年八月、パソコンによる情報インフラ整備が経営会議で決まる。主導したのは瀬戸である。

現在IT戦略部長を務める奥山博によれば、「情報の共有化を目的に、電子メールの運用をスタートしました。鮮度管理を支えるツールとして情報システムを拡充してましたが、一般のホワイトカラーにもパソコンが配布されていきました」。

九五年初頭にかけて一六〇〇人の内勤社員に一人一台パソコンが配布される。具体的には稟議書を除く社内文書をすべて電子メールに置き換えた。しかも、紙の併用は一切しなかった。社内を流通する紙の書類を限りなくゼロにし、ペーパーにより各職場に伝えられていた情報はイントラネット（社内のネットワーク）上で閲覧する形になる。紙の時代と比べ、情報が役職とは関係なしに、誰に対しても平等に共有される形に変わった。情報発信者との双方向コミュニケーションが容易となっただけでなく、やがて承認印も電子化して、意思決定をスピードアップさせていく。役員や幹部を含め、社員のスケジュールなどの情報も共有化され、業務は革新されていった。

この情報インフラ整備を受けて、九四年当初、最初にパソコンを使わなければならなくなったのは役員だった。しかも、役員は自宅にもパソコンが配備され、夫人までもが使いこなしていったというから画期的である。

もともとは、瀬戸が各事業ラインとのコミュニケーションを円滑に行いたいと考えて、思い切った情報化に踏み切ったのが発端。とりわけ月曜日の午前中には、社長室の前に行列ができていたからだ。報告や決裁を仰ごうとする人たちで溢れていたのだが、これを改善するため電子メールを活用したのである。報告内容は日曜日の夜までに瀬戸の自宅パソコンに送信され、月曜日の朝、状況報告のためにとられていた時間は、次にどうするかを話し合う場に一変した。

このときCIO（最高情報責任者）を務めていた増井健一郎専務（当時）は、「九四年八月の経営会議の時点で、パソコンを操作できる役員は一人もいませんでした。自慢ではないが、私はワープロさえ打ったことがなかった。ところが瀬戸さんから、『今日から君がアサヒの基準だ。君がパソコンを扱えるようになれば、すべての社員が使えるようになる』と、CIOになったのです」と話していたが、増井はすぐにパソコンをマスターする。実際に九五年中には、パソコンを配布された全社員がパソコンを覚えていく。というより、もはやパソコンを扱えなければ、仕事ができない職場環境に変わってしまったのだ。

例えば、自動車業界のトヨタ自動車や日産自動車は、九五年一一月発売のマイクロソフト社のOS（基本ソフト）、ウィンドウズ95以降に本格的なパソコンによる情報インフラ整備に着手していくが、アサヒの情報化は日本企業のなかでも、もっとも早いスタート事例のひとつだった。

アサヒの場合、急激な成長を遂げたため、九五年当時に四三〇〇人いた社員の半数が、スーパードライが発売された八七年以降の入社で占められていた（ちなみに、二〇〇二年にはこの比率は七割）。キーボードへのアレルギーをもたない若手が多かった点が早い段階での情報化を促進できた要因といえようが、そればかりでもない。

IT戦略部長の奥山はこんなことを言う。

「アサヒは一度地獄を見た会社だから、変わるのはいいことだという文化があります。このため、情報ネットによる業務革新を進んで受け入れる素地がありました。また、決定に対しても一丸となれる風土があるのです」

九七年二月には、当時は約九〇〇人いた営業マンに、モバイルパソコンを配布。さらに、酒販店の店頭での商品動向や鮮度をチェックする一六〇〇人のマーケットレディ（嘱託）には、電子手帳などの携帯端末をもたせていく。

営業部門の情報化では、受注状況やシェアといった基本情報はもちろん、ライバル社がどの地域でどんな営業活動をしているかなど、細かなかつ役に立つ情報も含まれる。市場動向をはじめ、店頭での鮮度状況、販売・営業、受発注、調達、生産、鮮度を中心とする品質、物流など、すべての業務の動きを九七年には一貫して管理していた。サプライヤーに対しては在庫圧縮を図り、一方で流通チャネルには在庫データや実売データをもとにした正確な需要予測を行い在庫削減を進めていく。

サントリーもアサヒとほぼ同時期にパソコンによる情報化に着手。同様に、キリン、サッポロもIT化に本腰を入れていく。他の産業と比べてIT化が早かったのは、税金が高いのに低価格競争の波が押し寄せてきたため、業務を効率化させて利益を上げていかなければならない状況に追い込まれていたという業界特有の側面はある。

ビールは大衆商品であり、価格そのものは安い。発泡酒になるとさらに安くなる。このため、物流ひとつとっても、トラックで空気を運んでいるようなものだからだ。

いずれにせよ、九四年八月から、瀬戸は大掛かりなＩＴ化を始めた。この時からアサヒの権力構造は、樋口から瀬戸へと頂点が全面的に移っていった。

第4章　個人のプライドをかけた一騎打ち

ビール営業最前線

「とりあえずビール」を変えていこう

「こんなことで良いのだろうか」

八八年六月、同志社大を卒業して研修を終えた倉地俊典が、アサヒビール名古屋支社に配属になったときに抱いた最初の感想である。

先輩社員に同行して料飲店に酒類を卸す業務用酒販店を廻り始めていたが、仕事の中身は〝売り込み〟ではなく〝調整〟だったのだ。

ドライ戦争は夏場のトップシーズンを迎えて加熱していたが、スーパードライの人気は衰えず、需要に供給が追いついていない状態が相変わらず続いていた。このため、酒販店に赴いては「ご注文よりも一五ケース足りませんが、何とかこの数でお願いいたします」などと、頭を下げていたのだ。同行した七四年入社の先輩社員は「アサヒがこんなに売れたのは初めてだよ。売れるってこんなに良いことなんだ」と、嬉々として話してくれたが、倉地にとっては売れているという実感よりも、将来への漠とした不安の方が大きかった。

「これから四〇年近くアサヒで働くのに、俺はいま何をやっているのだろう。本来なら、最初の三年間は突っ走って、営業という能力を身につけなければならないはずなのに……」

しかし、九月になり中区と東区の家庭用担当としてフィールドに出ると、倉地は営業の厳しさに直面する。中区には栄などの歓楽街はあるものの、基本的にはオフィス街であり、一般家庭はほとんどない。加えて、名古屋自体がもともとキリンとサッポロが強いうえ、新しいものを受け入れない傾向の強い保守的な地域だった。

この頃には、アサヒの生産体制も整備され酒屋の注文にもほぼ応えられるようになっていたが、倉地の担当地区の酒屋からの注文は前年比一〇%増がやっとだったのだ。

倉地の同期入社は九四人いた。別の地域に赴任した同期から「去年の二倍売ったよ」などと誇らしそうに電話がかかってくると、倉地には返す言葉もなかった。

「毎日、真面目に営業しているのに、どうして俺は売れないのだろう。テリトリーのせいかなぁ。営業がうまくいかないと、自分が希望している商品企画など、やらせてもらえない」

倉地に焦燥が募っていく。半年が過ぎても、倉地の営業成績はパッとしない。成績不振とは、営業職にとっては耐え難い状況である。幹部から「売れない時代に俺達は売ってきた。なのに、売れる時代のいま、何でお前だけ売れないんだ。来年、新人が入ってくると、お前、抜かれるぞ」などと言われる始末で、倉地の焦りを増幅させた。

だが、見ている人はどこにでもいるし、きっかけとはいつ何時でもやってくる。ある日、見かねた先輩社員が、アドバイスしてくれた。

「一生懸命やっても結果が出ないのは、やり方に問題があるからだ。倉地が廻っている酒販店でも、業務用に流している店がある。寿司屋、喫茶店、ラーメン屋、食堂など、酒屋の配達先を狙ってみてはどうか。キリン、サッポロ、サントリーを扱う飲食店をアサヒに替えてやれ」

弾かれたように倉地は、飲食店への飛び込みを始める。酒屋にとって、どこの飲食店に他社のビールを配達しているかは企業秘密だ。したがって、担当地区内を虱潰しに調べるしかない。

まずは、店の周囲を観察してビールケースを探し、どこのメーカーなのかを調べる。その上で、飛び込むわけだが、最初の訪問ではたいてい門前払いだ。しかし、挫けずに何回も訪問していった。成績不振だった倉地は、自分で考えて大学ノートに営業記録を取るようにした。訪問日と訪問回数、使っているビールの銘柄、取引先酒販店、客席数、従業員数、家族構成、さらに自分なりの寸評。訪問回数が増えるたび、これらの情報が網羅されていく。

相手の内情が分かってくると、自然と注文をもらえるようになっていった。「何度も来てくれているし、来月からスーパードライに替えるよ」と約束してくれる飲食店が増えていき、倉地は苦境から脱していった。と、同時に、倉地はあることに気づいた。

「飲食店の大半は、川上である酒屋の言いなりにビールを選んでいたのです」

居酒屋ならば、大抵の場合、客は最初にビールを飲む。なのに、店は主体的にビールを選んではいなかった。この発見により、倉地は強気に営業できるようになり、営業成績に結びついていった面もあった。

勢いに乗った倉地は、少しでも売り上げが伸びればと、担当地区内にあるいわゆるラブホテルにも飛び込みをかけていく。正面からは入りにくい。裏口から入ると、年輩の女性が黄色いタオルを洗濯していた。簡単に挨拶をして、オーナーがいつ現れるのかを聞き出して、再度訪問する。裏手に乱雑に置かれていたビールケースから、ホテルが提供しているビールはサッポロのラガービールだった。「商品力からしてスーパードライなら勝てる」と、倉地は気をよくした。

実際、営業は簡単だった。「替えてやるよ」と、その場で五〇歳代のオーナーは言ってくれた。しかし、そのすぐ後で「アサヒはいくら協賛金を出してくれるのか」と、オーナーはしたり顔で切り返してきたのだ。一旦、支社に持ち帰り上司と相談した上で、栓抜きなどのノベルティを含めた協賛をオーナーに伝えると、翌月からホテルにはアサヒが入った。

ところが、三カ月もするとホテルのビールは再びサッポロに切り替わってしまった。「あのオーナーにやられた」。倉地は地団駄を踏んだ。オーナーはメーカーを競合させることで、協賛を引き出すのが目的だったのだ。冷静に考えれば、ラブホテルの利用客にとって、ビールの銘柄など関心はない。したがって、部屋の冷蔵庫に入れるビールの銘柄など何でもよかったのだ。

倉地は、「ビールの営業とは、最初の三〇秒が勝負です。『アサヒビールいかがですか』と切り出すか、『アサヒビールお取り扱いいただけませんか』と言うのかでは相手に与えるインパクトは違う。ただし、どちらのトークを使うかは、飲食店に入り相手の雰囲気から判断しなければなりません。これは場数を踏まないと分からないものです。名古屋時代の駆け出しの頃は、とにかく夢中でした」と、いまは静かに話す。

八〇年代後半のドライ戦争が終息し九〇年代に入ると、ビール戦争は拡大の一途をたどる。各現場では、社員達はどんな戦いを見せていたのか。一缶三五〇ミリリットルのビールに対する最前線で戦う男（女）達の思いは、トップにも負けないくらいに熱い。

キリンは俺達を相手にしてくれなかったんだ

「お前、オンナじゃないか! お前のような小娘をよこすとは、ウチもなめられたものだ。キリンとはもう取り引きしない。帰れ!」

四〇代後半に見える酒屋の店主は、断固とした口調で言い放ち、険しい視線が柳父《やなぶ》潤子を捉えた。

九一年一〇月某日。研修を終えてキリンビール横浜支店に配属された柳父は、一人で担当地区を廻り始めて一〇日が過ぎていた。

「あの、ですね、一番搾りが、いま、あの、売れてまして……」

店主の迫力に圧倒されてしまい、柳父の唇から言葉が出てこない。

「俺は帰れといったんだ。何が言いたいんだ。俺の言うことが分からねえようだな。よし、そこで少し待ってろ」

店先の歩道で混乱したまま立ちつくす柳父をそのままに、店主は奥に入っていく。だが、すぐに再び現れると、右手に盛った塩をオーバースローで小柄な彼女に投げつけた。

柳父は動くことも出来ず、頭上から浴びてしまう。ショートヘアーの髪から、ブラウスに白い小粒が流れ落ちていく。

「帰れ！　二度と来るな。女が来るとは何事だ。仕事は遊びじゃない」

柳父の存在そのものを認めることもなく、言いたいことを言い終えると、店主は踵を返してしまった。塩まみれのまま往来に残されて、柳父の頭の中も真っ白になった。通行人の視線も辛い。店に向かいペコリと頭を下げると、パラパラと塩が歩道にこぼれた。児童公園の脇に駐車しておいたライトバンまで歩き、ドアを閉め、窓が完全に閉まっていることを確認すると、柳父はハンドルを両手で強く握りしめて、大声を出して号泣した。

九一年入社の柳父は、バブル入社組の最後に当たる。同期入社の女子総合職は三〇人もいた。ボロボロの気持ちで支店に戻ると、当時三〇歳だった先輩社員の長谷川譲（仮名）にありのままを打ち明けた。

「そうか、大変だったな。だがな、そこまでやる人は、逆に心を開いてくれると入りやすいものなんだ。むしろ八方美人で調子よい店主の方が営業はやりにくい。頃合いを見てもう一度行ってごらん。二度も塩を投げる人間なんていやしないんだから」

長谷川は問屋部門をもつ食品会社から、二カ月前に転職してきたばかりだった。前の会社では卸部門に在籍して、そこでの営業経験があるため、小売店主への売り込みをキリンのプロパー社員以上に熟知していた。長谷川の言葉を、若い柳父はスポンジのように吸収していた。

「ところで柳父、泣いたのか？」

「いいえ」

「そうか、別に泣きたいときは、泣いちまった方がいいぞ。その方がバネになるんだから。まあとりあえずいまは、化粧を直してこい」

「ハイ、すみません」

柳父は明治大学文学部仏文科を卒業してキリンに入社した。

「本当は、プロの和太鼓奏者になろうかとも考えてました」。和太鼓を本格的に習い始めたのは中学一年のとき。小学校に上がる前からピアノを始めていた柳父だったが、物心ついてからというもの、ピアノよりも祭りに魅せられていく。町内の小さな祭りから、地域の祭りと、両親にせがんでは、必ず連れていってもらっていた。

「人々を熱くさせる祭りが、私は大好きなんです」。そして祭りの中心には、人の心をひとつにする和太鼓のリズムがあった。

柳父の父親は大手総合電機メーカーの開発職。母親は中学の元英語教師。「私をおしとやかに育てたかったのでしょうが、和太鼓を始めたことで、まず両親の期待を裏切ったんです」。私立のミッション系〝お嬢様高校〟から明大に進学すると、和太鼓の授業料を稼ぐため、アルバイトを始める。選んだバイト先は、アサヒビールの販売員だった。人材派遣会社と契約して、アサヒが横浜地区の酒屋の前などで開くキャンペーンに出向き、通行人に試飲させながらビールを売る。販売員は柳父のような女子学生のほか若い主婦もいた。アサヒはちょうどスーパードライを発売していて、「すごい活気を感じました。祭り以外にも人が熱くなれるんだと感動したのを覚えています」。販売員は四年間続けた。販売成績も良く、柳父はアサヒの社員にもかわいがられた。

このアルバイトの経験から、「プロ奏者もいいけど、酒類会社で営業をしてみよう。きっとみんなを熱くできる。酒には人を元気にする力があるのだから」と決意する。就職先をアサヒではなくキリンに選んだのは、OB訪問の時にキリンの方が研修体制が充実していると感じたからだという。

日本の戦後を代表する超優良企業だったキリンは、長い間、指定校制度を設けていて、出身大学によって採用を制限していた。五八年入社の佐藤安弘会長によれば「私の時代、私立では早慶しか採りませんでした。指定校制度は広く多様な人材の確保を制限してしまい、同質性の企業風土を生み、会社としての活力を殺いだ面があったのは否めません」と話す。ちなみに佐藤は早大商学部卒。

キリンは八九年から人事制度を年功型から実力本位制へと変え始め、採用面においては八八年に中途採用の公募を始めた。そして、新卒でも学校名不問へと変えていった。

また、八五年の男女雇用機会均等法以降、キリンは採用した女子総合職を営業現場へと配していく。この点でも、多くの日本企業が女子総合職を比較的当たり障りのない内勤の部署に配する傾向が強いなかで、当初から男子社員と平等に処遇していた珍しい企業だといえよう。

しかし、営業現場に配属された柳父は、「アサヒに比べると現場は活気に乏しく、金太郎飴ばかり」と、キリンに対して厳しい印象を持つ。その金太郎飴のなかで、中途採用の長谷川は異彩を放ち、何より仕事ができた。「長谷川先輩がいたお陰で、いまの私があります」と、柳父は言い切る。

柳父は長谷川の言葉に従い、塩を投げた店に再訪を始める。朝、シャッターが開くのを待っていたり、あるいは夜、店を閉める直前に顔を出したりと、できる限りの接触機会をもった。最初は無視された。それでも長谷川が言う通り、二度と塩は投げられなかった。それればかりか、やがて挨拶を返してくれ、次には話をしてくれるようになっていった。柳父が店の冷蔵庫を開き、キリン製品を目立つ位置に並べ替えていると、店主は重要なことを言った。

「キリンは、俺達を相手にしてくれなかったんだ。ずっと悔しくてね」

問屋に注文を出しても商品は思うように廻ってこないことがあったり、挙句に支店にクレームを入れてもまともに相手をしてくれない。こうした経験が何度か続き、キリンに対して不信の念をもったと、堰を切ったように店主は打ち明けてくれたのだ。腹を割った本音を柳父に吐露すると、店主は一番搾りをいつもより多く注文することを約束してくれた。

「これからは私が担当させていただきますから、よろしくお願いします」

柳父は心から頭を下げた。キリンの社員以前に、自分を一人前の営業マンと認めてくれたんだ。そう思うと、柳父の胸は熱くなり、こみ上げるものがあった。もちろん、児童公園脇で流した涙とは別の種類である。「営業って仕事は面白い、とこのとき感じました」。その後トップセールスに成長していった柳父は話す。

だが、それまで男の世界だったビール営業に、女性が入っていくのは並大抵のことではなかった。飛び込みセールスやルーティンワーク、夜ともなれば、接待もしなければならない。さらに、店頭での自社商品を前面に出す並べ替え作業や、商品の運び出しでは体力を要求される。ビールは、瓶、缶、さらに樽やケースなどで運ぶとやはり重い。腰を痛める女子社員もいたが、和太鼓で鍛えていた柳父はその点タフだった。

営業を始めて三カ月が経過した寒い夜、仕事に使うライトバンで町田の自宅に帰ったとき、家の前に車を止め、エンジンを切るやいなや、あまりの疲労と家に帰ってきたという安堵感から柳父は車中で寝入ってしまう。終電の時間が過ぎても娘が帰らないため、心配した母親が玄関を開けると、誰のものとも分からない三菱ランサーのライトバンが止まっていて、運転席には微動だにしない娘がいた。「この時母は、私が死んでいるものだと勘違いしたんです」というが、同じことは、もう一度起きる。

さらに、両親を唖然とさせる事件が発生する。営業を始めて一年が経過すると、柳父は支社内でもエース級になっていた。ある日曜日の午後、自宅にいた柳父はふと思い出して、親しい酒屋に仕事の電話を入れる。やがて、場所が自宅であることを忘れ、オフィスにいるのと同じ調子で電話をしてしまう。

「ところで社長、あの娘とはどうなったの……ほら、あの店の……へぇー、すごいじゃない。やるわね、社長……じゃぁ、明日行くから、話を聞かせてね」

電話の最中、柳父は無意識に右の小指を立てていた。受話器を置いて振り返ると、眼をまん丸くして立ち尽くす両親がいた。後悔したが、後の祭りだった。総合電機メーカーの研究職である父親は、「潤子、お前は会社でどんな仕事をしてるんだ」などと、うわごとのように話し、母親は意味もなくその場で泣き崩れてしまった。

「親にこれ以上の心配をかけては申し訳ない」という気持ちから、電話事件の直後、会社の勧めもあって、柳父は親元を離れて一人暮らしを始める。

営業はなぁ、イケイケや

「平木よう、もし、お前がキリンの社員なら、一番嫌なことは何だ」

「そりゃぁ、足元を攻められることです」

「だろう。俺たちゃ、突撃隊だ。キリンが入っているM生命ビルの居酒屋、とったらんかい」

「・・・」

「何だその弱気な顔は。そんなことで、小が大に勝てると思ってるのか！　だいたいだな、この世に、不可能な営業などない。よく覚えておけ」

九二年四月、アサヒビール広島支店の昼下がり。入社二年目を迎えていた平木英夫は、先輩営業マンの米倉淳とインスタントコーヒーをすすっていた。アサヒは八九年のシェア二四・二％を獲得したのをピークに、それ以降は二三％台後半で伸び悩んでいた。特に、広島にはキリンの工場があるため、アサヒは苦戦を強いられ、シェアは全国平均より八ポイントも低い一七％前後だった。

平木は広島市の出身。実家は市内で生花店を営んでいる。甲南大学法学部出身だが、学生時代は体育会サッカー部に所属し、右サイドバックとして活躍したスポーツマンだ。

一方の米倉は、平木が配属される直前に、化粧品会社から転職してきた三〇代のベテラン営業マン。平木は「兄貴」と呼んで米倉を慕っていた。

「ビール会社の営業は生ぬるい。飛び込みセールスが十分にできんようじゃあ一人前にはなれない」。米倉はこう言って、前年九月に配属されたばかりの平木を指導。平木はこの教えの通り、連日二〇軒を超える飲食店を、絨毯爆撃のように片っ端から飛び込みして歩いた。マニュアルも何もない。居酒屋やお好み焼店、スナックが仕込みをしている午後二時から四時の間が飛び込みタイムだ。平木が集中しなければならない時間帯である。

もっとも、新入社員が突然訪ねてきても、「じゃあ、これからはアサヒさんを入れるよ」と言ってくれる客は皆無だ。しかし、断られても、邪魔にされても、平木は何度も訪問する。時には、飲食店にビールを納めている酒販店から「あそこの焼鳥屋は、うちが責任を持ってキリンを納めている。アサヒの営業が勝手に出入りするようなら、店ではもうアサヒを扱わない」などとクレームが支店に入ることもあった。そんなときは米倉が出張っていき、「若いもんのやったことやけん、大目に見てやってください」と、フォローしていった。

「営業はなぁ、イケイケや。心意気がなければ、相手には何も伝えられない」と言う米倉の言葉を信じて、平木は何も考えずに夢中で繁華街を営業して廻った。

半年もすると、「平木君、あんたオカンに感謝せにゃいかんよ。男前とはいえんが、憎めない顔だ。一生懸命なあんたを見てると、なんとかしてやりたくなってくる」などと、少しずつだが注文が入り出す。やがて、平木は懸案だったM生命ビルの居酒屋を落とす。

その後も、キリン一筋の飲食店を陥落させていくのだが、九三年に広島支店長で赴任した現社長の池田弘一と同行して落城させた大型飲食店もあった。

男の意地をかけた土下座

「アサヒさんが、海鮮居酒屋『柿崎』(仮名)に入るようですよ」

サッポロビール高松支店の小野寺哲也は、徳島市内の酒屋からかかってきた電話に、一瞬全身が震えるのを覚えた。九二年一〇月のとある月曜日の午後、週明けの会議中の出来事だった。

「何かの間違いではないでしょうか。先週の金曜日に引き継ぎで、柿崎さんにはお伺いしたばかりなんですよ。それに、柿崎さんは二〇年来、弊社を御贔屓にしていただいているのですから」。小野寺は、無意識のままプラスの材料をそのまま口にする。しかし、電話の相手は「間違いない」と、きっぱりと言う。さらに、「アサヒはいま、猛烈な営業攻勢を掛けている。サッポロは、恵比寿の開発ばかりでなく、足元を固めないとみんなアサヒに持っていかれる」と話し、「ウチは昔からサッポロが好きだから、忍びないのであえて通報した」と付け加えた。

アサヒでは、九月に住銀出身の樋口に代わって、プロパーの瀬戸雄三がトップ交代したばかり。会社全体がやる気になっていた。一方の小野寺は入社六年目を迎えていたが、ほんの一週間前に香川から徳島に、営業する担当地域が変わった矢先だった。

そのまま会議を中座した小野寺は、大通りでタクシーを拾うと、高松駅から高徳線の特急に乗っていた。サッポロ高松支店にとって柿崎は、徳島地区ではトップクラスの上得意店。仮にアサヒに取られるとなれば、大黒柱を失うに等しい。

小野寺は列車に揺られながら腕組みをして、前任者と訪れた三日前を思い起こしてみた。対応してくれたのは自分と同世代の店長。気さくで優しそうな男だった。名刺を交換して、自分は社長の息子と言っていたが、社長は不在で会っていない。

「どんな人なんだろう」。前任者から、社長について詳しく聞いてはいなかった。悪いことに、異動となった前任者はいま引っ越しの最中で、連絡がつかない状態だ（現在のように、誰もが携帯電話をもっている時代ではなかった）。

その前任者は「ここはウチの聖域だから絶対に替わらない。安心しろ」と話し、店長を呼び大ジョッキで乾杯まででした。だが、世の中に絶対などない。長年の取引関係に安心しきっていた気の緩みを突かれて、アサヒから一気呵成の攻撃を受けている格好だと、小野寺は唇をかみしめる。

すでに契約してしまったのか？　まさか？　設備が入れ替わっているなんて事態はないだろうか。何としても、防戦しなければ……。

駅前で時間を潰し、小野寺は店が開いた六時過ぎに柿崎の暖簾をくぐった。三日前とは様変わりに、店員達はみなよそよそしい。大ジョッキを注文して、一口だけ口に含む。ビールがサッポロであることだけを確認すると、店長を呼んでもらう。

「アサヒビールに替えるんだって？」

「うん。でも、俺が決めたんじゃない。社長の一存なんだ」

「じゃ、社長に会わせてよ」

「いやぁ、いまはそのう……」

「店長、社長はあなたの父親でしょう」

「違うよ、母親だよ。正確には、僕の女房の母親だけど」

「・・・」

「でも、今は営業中だから社長は会わないよ。今日は無理だ。もう決まっちゃたんだ。悪く思わないでね」。こういって、店長は小さく頭を下げた。

小野寺は、大ジョッキはそのままに、「じゃぁ、また来るから、よろしくお願いします」と、勘定を済ませてその場を引き取った。

徳島駅から、今度は鈍行に乗り込み、二時間以上も揺られて高松に戻る。タクシーで、会社が借り上げている自宅のマンションに戻ると、結婚したばかりの新妻が食事を作って待っていた。

「また出掛けなければならないんだ。車で行くよ」

「食べなくて、あなた、体は大丈夫なの？」

「ごめんな、でも時間がないんだ。帰りは、かなり遅くなる。いや、場合によっては帰れないかも知れないから、カギを掛けてもう休んでくれ」

小野寺は、みそ汁だけを立ち飲みすると、車のキーをとり、マイカーで再び徳島に向かう。一般道路は空いていた。月のない暗い夜だった。運転しながら、器用にシェーバーで髭を剃り、小野寺は思った。

「今晩中に決めないと、やられる」

柿崎に到着したのは、午後一一時一〇分過ぎ。エンジンを止め、小野寺はじっと待機する。午後一一時半を回ったとき、最後の客が出ていき、店員が暖簾を外していく。

「いまだ」

間髪を入れずに、小野寺は店の中に突入する。

「サッポロビールでございます!」

小野寺の声に、閉店作業をしていた店員達の動作が一斉に静止した。

「社長は、奥にいるよ」。虚を突かれた店長が言った。小野寺はそのまま厨房に入っていくと、和服を纏った社長が中央に立っていた。

「どうしても、ウチでやらせてください。もう一度だけ、考え直してください」

社長の前に進み出て、小野寺は深々と頭を下げる。だが、社長は何も言ってくれない。代わって店長が言葉を挟む。

「ダメだよ。週末には、冷蔵庫も生ビールの機械も入るんだ。アサヒさんが入れてくれるんだ。約束してるんだから」

厨房の床は水で濡れていた。だが、小野寺に迷いはなかった。

「もう一度だけ、チャンスをください」

腹の底からこう話すと、小野寺はその場で土下座をした。

政治家が当選を確保するために行う儀式ではなく、ビジネスマンが職務を貫徹するための、いやそれ以前に、男の意地をかけた真剣な土下座である。新妻が選んでくれたスーツは濡れ、消毒臭のきつい水が目の前に迫る。日常とは違う視界が広がった。

「どうか、お手を上げてください」。和服の社長の落ち着いた声が、頭上から降ってきた。

小野寺は立ち上がると、もはや濡れ鼠と化していた。濡れ鼠に向かい、和服の社長は冷蔵庫の提供などアサヒが提示した条件を説明して、「サッポロさんは、これだけのことができますか」と質す。小野寺に与えられている決裁権を超えた内容だったが、もはや選択の余地はない。

「できます。やらせてください」。独断で小野寺は言った。

すると、五〇代後半に見える社長は、品のいい口紅で塗られた唇を「ふふ」と、少しだけ緩め、そして話し始めた。

「そうは言っても、あなたの歳では、いま決めるのは無理でしょう。一日だけ待ってあげます。明日お返事をちょうだい」

「あ、有り難うございます」。小野寺はもう一度、深々と頭を下げた。

「ほうら、こんなになっちゃって。ハンサムさんが台無しよ。奥様はいるの。叱られちゃうわね」と、社長はおしぼりで彼のスーツを拭き始めていた。そのまま小野寺は車で高松に戻り、朝一番で支店長に条件面での了承を取り付けると、列車で徳島の柿崎に赴き、サッポロとの取引継続を成功させた。二四時間で、高松・徳島間を実に三往復した計算だ。

一週間後、通報してくれた酒屋にお礼を兼ねて報告に訪れると、ライバル・アサヒの営業マンと偶然鉢合わせてしまう。三〇代前半に見えるアサヒの営業マンは、もはや笑っていた。

「よくひっくり返したねぇ。土下座でもしたの?」

「まさか、ハハハ」

「サッポロさんは強敵だな。気をつけないとやられるなぁ」

「勘弁してくださいよ。お手柔らかに願います、本当に」

ビール戦争とは、メーカーぐるみの巨大な団体戦である。だが、営業の最前線では、時には会社という枠を超え、個人としてのプライドを賭けた一騎打ちが繰り広げられる。

一つの勝負が決した後、次の大きな戦いに向け男(女)達は再び走り出す。

売るために何を提案するのか

うまい生ビールを飲ませたい

キリンビール京都支店に勤務していた松本克彦は、アメリカ勤務を希望。海外赴任の条件である国際英語試験のTOEICで六〇〇点以上を獲得して、九二年五月から早大の学生時代にホームステイしたロサンゼルスで働き始めた。昼は日本食レストランや酒販店、スーパーへの営業に廻り、夜はビジネススクールで経営学を学ぶ。

アメリカのビール市場は、中国と並び世界最大規模である。二〇〇〇年で比較しても、日本の三倍以上の総消費量をもつ。当時の日本のように同じ価格帯のビールを、学生から高額所得者まで一律に飲むのではなく、価格によりチープビール、スタンダードビール、プレミアムビールとジャンルが分かれていて、所得に応じた階層別に飲み分けられていた。日本でも知られるバドワイザーやミラー、さらにラガー、スーパードライといった日本製ビールはプレミアムに属し、チープの二倍の値段がする。

何より松本が驚いたのは、どんなに小さなパブ、あるいは酒屋でも、必ず大型の冷蔵庫があり、ビールを冷やして保管していた点だった。日本の酒屋や飲食店のように、店の裏側にケースのまま積んでおくようなことはしない。

「ロスでは、みんなビールをきちんと冷蔵管理しているから、ビールがうまい。お客様においしいビールを提供しようとするこだわりがある。なのに日本では、せっかく飲食店で飲んでも、生ビールはまずい。これは店の管理が十分でないためだ」

ビールは、ワインや日本酒と同様に醸造酒である。したがって、温度など環境の変化には敏感であり、直射日光に当たる場所に置いてあるだけでも味は劣化してしまう。

「日本の飲食店でも、ロスの店のように、うまいビールを提供できないものか」

この思いから、九三年一二月に帰国した松本は、自ら希望して営業部門の樽生担当になる。樽生とは、料飲店向けに提供する樽容器に入った生ビールを指す。ビンや缶と比べ鮮度は高く、樽容器には七リットル、一五リットル、二〇リットルなどの種類がある。メーカー別に容器の形状は異なり、一度店に入れてしまえば、簡単に他社に替えられない商品だ。

もっとも当時は業務用での樽比率は低く、「樽をやりたいなんて言う奴もいるんだ」などと、部内では少し変わった人間と見られていた。

樽生担当となった松本が最初に命じられたのは、「キリン・ドラフトマスターズ・スクール」の講師だった。同スクールは、飲食店の経営者や従業員、さらに酒販店を対象に、デリケートな樽詰め生ビールの管理方法、品質管理のノウハウ、味の違い、機器やホースの洗浄方法などを実技を含めて学習してもらう講習会である。場所は当初、横浜工場内の会議室を利用した。

松本は言う。

「メーカーも実はいい加減で、それまで飲食店に対し、樽生の扱い方ひとつ教えてなかったのです。お客様が『大ジョッキ』と注文を入れても、必ずしもおいしいビールを飲めるとは限らなかった。酒類全体で、ビールの消費量は七割以上を占めるのに、お店にとってのビールは目玉商品になっていなかったんです」

同スクールは業界初の試みだったが、開校したのは松本が講師になる五カ月前の九三年七月だった。ちょうど、総会屋への利益供与事件が表面化し、幹部社員四人が逮捕されるという空前の激震にキリンは揺れていた。この時松本は仕事でデンバーにいて、現地の新聞報道で知った。日本を代表する優良企業だったはずのキリンで、なぜ商法違反事件が起きたのか。コーポレートガバナンス（企業統治）の不在、大衆商品であるだけに長時間の株主総会によるイメージダウンを恐れたため、など理由はいくつも挙げられよう。

しかし、八二年の改正商法施行後も〝黒い関係〟を持ち続けたキリンとは、長年六割を超えるシェアを誇る一方で、指定校採用によって同等の能力を持つ同質な人材ばかりで構成されていた企業でもあった。このことも事件の遠因ではないだろうか。

人事評価は減点主義であり、成果を上げることよりも、自分の担当部署で在任中に問題を発生させないことが優先されていた。そのため、個人と組織の関係において、個人としての良識ある判断は封殺され、官僚的で硬直化した企業体質が醸成された。前例踏襲が幅を利かせ、〝臭いモノ〟にフタをしようとする閉鎖的な風土に染まり、不祥事は不可避だった面は否めないのではないか。

これはキリンに限った話でなく、八〇年代まで、栄華を極めていた多くの日本企業にも重なるはずである。金太郎飴のような同質性、〝滅私奉公〟的な会社への無秩序な忠誠心、これらは経済規模が拡大している環境では、企業が成長する原動力だった。個人に対して会社も終身雇用と年功序列を保証して、その忠誠心を増幅させていた。しかし、ルール変更や環境の変化に対しては脆い側面をもっていた。

キリンの場合は、八九年から人事評価制度をそれまでの減点主義から加点主義へと変え、いわゆる大企業病克服へと動き出してもいた。こうした新しい動きと、旧来からの日本的な大企業体質とが交錯するなかで発生した事件であったといえる。

「だからこそ、松本は「試練を乗り越えていくためにも、スクールを成功させたかった」と話す。日本のビール会社の生産技術は、世界最高水準にある。工場では高品質のビールをつくれるが、来店客に樽生ビールを提供する飲食店が、ジョッキへの注ぎ方一つ正しく知らなければ、折角のビールも台無しになってしまう。そこでキリンは、飲食店などに教育というソフトを提供して、客がジョッキで生ビールを呷るまでの品質管理徹底を目指したのだ。

もっとも、松本が講師となった初期の段階では、スクールの講師は社員三人のみ。

「医薬部門の社員を集めて講義を事前に練習したり、カリキュラムを三人で考えたりと、最初の頃は試行錯誤の連続でした。何しろ、前例のない取り組みでしたから。でも、アメリカ駐在時代にパブで飲んでいたビールの味を基準に、これを超えるビールを日本で多くの人に飲んでもらいたいという思いが、私にはありました」

一九四年には京都工場にも開校。その後、ホテルなどを借りてのツアー講座も展開する一方、九八年までには全国一四カ所のすべての支社で開校していく。

松本らが作った講習ノウハウはいまも生かされている。これまでの受講者数は、二〇〇一年末までに一二万人を超えた。缶、瓶、樽と容器別の構成比を見ると、キリンの場合九四年は缶四一%、瓶五二%、そして樽は七%だったが、二〇〇一年では缶四三%、瓶三六%、樽二一%（いずれも発泡酒を除く）と樽が大きく増えている。ちなみに、ビールを提供している飲食店は前述したように、全国に約八二万店。このうち、キリンの樽生を扱っている店は約二〇万店だ。二〇万店に対しキリンはスタッフを訪問させて、生ビールの管理指導を行っている。

キリンが始めた飲食店教育には、他の三社も追随し、同様のスクールを展開していった。受講者の中には、メーカーをまたいで複数の講座を受ける人も少なくない。一方、飲食店のレベル向上に伴い、冷蔵式の大型ディスペンサーなども各社が展開。ハード面でも樽生ビールの高品質を提供する開発機器が登場していく。

「飲食店で飲む生ビールは、この一〇年でおいしくなりました。私達が立ち上げたんです」と、松本は胸を張る。

冷蔵庫の型番を調べろ

この章の冒頭に出てきたアサヒビール名古屋支社の倉地の上司に、社内で〝伝説の営業マン〟と言われていた菊田幸造（仮名）が赴任してきたのは九四年の年明けだった。七〇年代前半に入社した菊田は、アサヒの最悪期、つまりは地獄を知る営業マンだ。どうにも売れなかった時代、獅子奮迅の活躍により茨城県T市にある歓楽街を一人で制圧したという伝説が残っている。一般の飲食店ばかりでなく、キャバレーや、ソープランドなどの風俗店にまで、菊田はアサヒビールを売り込んだ。地元との信頼関係は絶大で、「T市に行けば、菊田さんは顔パスで遊べる」などという話が、まことしやかに社内では一人歩きしていた。

もっとも、経費の使い方は半端ではなく、部長級でありながら菊田は経理部から印鑑を取り上げられていた。つまりは、接待などに使える予算が、与えられていなかったのだ。昼間でも、どこかアルコール臭を漂わせる菊田は、支社のなかで何とも言えない異彩を放ってもいた。

あるとき、倉地は菊田に、「居酒屋Kを落とそうと思います」と相談した。すると、菊田は「お前、その店について何を知っている?」と質問してきた。そこで、倉地は新人時代からドブ板を廻って作った営業記録ノートをカバンから取り出し、社長の名前や従業員数、客席数、ビールの年間取扱量などをスラスラと話した。

「いい資料を作っているね。倉地は足で稼いでいる。だから、営業成績が優秀なんだ」

アサヒが誇る伝説の営業マンから、こう言われ、倉地は悪い気はしない。

だが、菊田は「知っていることはそれだけか。もっとないのか?」と問うてくる。

「いえ、これで全部です。他に何か……」

「お前は真面目で、ネタの管理もきちんとやっている。だから一流の営業にはなれるだろう。だが、このままでは超一流にはなれない」

「超一流ですか?」

倉地が怪訝そうな表情を見せると、菊田は低い声で言った。

「冷蔵庫だ」

「えっ、冷蔵庫？」

「そうだ、冷蔵庫の型番を調べるんだ」

三洋製、東芝製など、業務用冷蔵庫についている型番の数字から、その製品がいつ製造されたのかが菊田には分かるという。

「いいか倉地。冷蔵庫は八年も使い続けていると、必ず不具合が生じる。機械とはそういうものなんだ。昨日まで正常に動いたのに、急に故障してしまう。日常の仕事が何より大切な飲食店にとっては、一番困る瞬間なんだ。業務がうまく廻らなくなると、いままでは顕在化しなかった不平が出てくる。

この時こそが、営業にとって最大のチャンスだと思え」

菊田のこの言葉を聞き、倉地は飲食店を訪問すると「冷蔵庫を掃除させていただきます」と店主に断り、掃除をしながら型番チェックを始めた。型番から製造年月日を割り出して、五年以上経過している冷蔵庫を使っている店への訪問頻度を高めたのだ。菊池の言う通り効果は高かった。困っているとき、頻繁に訪問している営業マンへの客の信頼は大きいからだ。状況によっては、冷蔵庫ごとアサヒに切り替えるケースもあった。

「一流と超一流の違いは、こんなところにあるのだ。成功体験に満足せず、いつも新しいやり方を取り入れていかなければ、大きな勝負はできない」と感心した倉地は成績を上げ、やがて大物を狙い始める。

名古屋市内に四店舗をもつ若者向け居酒屋チェーンを、他社からアサヒに落とすきっかけも、やはり冷蔵庫だった。四店舗のうちの一店が、ある日突然、新型冷蔵庫に入れ替えたのだ。倉地がオーナーに理由を質すと、「明日には他の三店もみな、新型に替わる」との答え。ライバル社が提示した条件を聞き出した上で、「アサヒは本日中に、もっといい条件を提示いたします。無論、四店舗の冷蔵庫も全部新品にいたします」と話し、支社に戻った。

菊田をつかまえ事情を打ち明けると、間髪を入れず菊田は言った。

「責任は俺がとる。お前は好きなようにやっていい」

倉地は内心、「そうは言われても、ハンコすらもってない部長が、どう責任をとるのだろう」と思ったが、高い条件を設定してオーナーに提案。その日のうちに話をまとめ、切り替えを決めさせてしまう。稟議書などは翌日、事後として倉地が作成して廻した。菊田は倉地と握手を交わすと、言った。

「いまのアサヒには商品力があるから、お前たちは真面目にやっていれば自ずと成績を上げられる。だがな、俺達は売れない時代に売ってきた。お客様に助けてもらってきたんだ。人情に縋《すが》ったことだって一度や二度ではない。お前たちは地獄を知らない。いいか、アサヒの基本は人間にある。店のオーナーに惚れなければ、無理な条件だって出せんだろう。人の情を大切にしろ。アサヒの営業はなぁ、ちょっと売れたぐらいで、いい気になっちゃいかんのだ」

倉地が大物をものにした頃、名古屋支社業務部にいた大槻幸人が急に、上海に赴任することが決まった。ほんの数日前、本社の国際部に呼ばれたばかりだった。倉地が事情を尋ねると、大槻の話は次のようなものだった。

瀬戸社長宛てに、中国の政府関係者からの親書がとどいたものの、本社には中国語を翻訳できる社員がいなかった。そこで人事部が社員の人事ファイルを調べて、大槻にお鉢が廻ってきたのだそうだ。大槻が翻訳を終え、名古屋に戻ってくると、再び本社から電話があり、「君は明日から国際部だ。そして上海に赴任してくれ」と辞令が出た。

「急な話で、驚いているよ」と話す大槻は、倉地よりも二期上の八六年入社。神戸大学教育学部時代の八四年に、級友の中国人留学生を訪ねて新疆のウルムチまで旅をした経験をもつ。香港から武漢に向かい、武漢からは六八時間も汽車に揺られてウルムチに着くが、現地で生水を飲んだのが原因で、腹を壊してしまう。そんなとき、ウルムチの雑貨店でなぜかアサヒの缶ビールを売っていた。大槻はこれを買って飲んだのだが、本当に旨いと感じアサヒを受けるきっかけになった。しかも、当時のアサヒのリクルート用会社案内には、「中国ビジネス」を展開している趣旨が大きく掲載されていた。ビールが最悪の状態だっただけに、ビールにはほとんど触れず学生の気を引く内容を前面に出していたのである。

「私は中国のウルムチまで行ってます。中国をやらせてください」と面接で訴えて、大槻は採用された。ただし、アサヒの当時の中国ビジネスとは、カップ麺に使うネギを細々と輸入していたに過ぎず、入社後大槻は「騙された」と地団駄を踏む。しかし、九三年にチャンスは巡ってきた。

「来週には赴任するんだ」

いつ何時にどこにでも行かなければならないのも、いまやアサヒ流だと倉地は感じていた。

「上の考えていることはわからんが、オーストラリアから、これからは中国のようだな」

大槻を囲む輪のなかで、何気なく誰かが言った。

第5章　安くてうまいなら「やってみなはれ」

日本初の発泡酒開発プロジェクト

「世の中にないもの」が評価される会社

「麦芽の割合を三分の二未満に抑えたものを、出してみたいのですが」

一九九二年一〇月、東京元赤坂にあるサントリー東京支社の午後、ビール事業部の北川廣一は、窓際の席でぼんやりともの思いに耽っていた立木正夫に歩み寄り、そして切り出した。

常務でビール事業部長の立木はこのとき一人思いを巡らしていた。

スーパードライ登場以前なら、シェア一〇%で黒字といわれていたが、販促費が膨らんだため損益分岐点は上がってしまい、一五%は取らないと黒字化できない。なのにウチはシェアを落とし続けている。バドワイザーを失うのが本当に痛いが、何とかしなければ……。

そこに突然、北川が目の前に現れたことで、現実に引き戻された。

「なんだって？ でも北川、麦芽が三分の二以上でなければ、ビールじゃないだろう」

「はい、酒税法上は雑種発泡酒のカテゴリーに入ります。つまり、税額がぐっと安くなり、その分希望小売価格を下げられます」

「なんか面白そうだなぁ。やってみろよ」

当時三三歳だった平社員と常務・事業部長とのほんの立ち話だが、これで起案は了承された形となった。

サントリーには、一般の日本企業にあるような稟議書がない。そればかりか、役員会での了承などの手続きすらないのだ。創業者である鳥井信治郎の「やってみなはれ」がいまでも生きていて、昨日入社したばかりの新入社員であろうと、誰でも〝やってみる〟ことが許される会社なのだ。平社員と役員といった肩書き以上に、やったかどうかが重要な位置を占める企業文化である。

現社長の佐治信忠は言う。

「奇人変人たれと社員に訴えてます。結局、企業は人です。お前はバカじゃないのかと言われる変わった人、あるいはやんちゃボーイ、やんちゃガールが、サントリーでは面白いものをつくってきたし、やってきた。経営者が商品をつくってきたわけではありません。また、彼らが、やってみて失敗した場合はリターンマッチをすればいい。失敗の責任は、トップである私がすべて負うのだから。むしろ、失敗するだけのことをやったことが尊いという風土です。何もしないのがいいとか、大過なく過ごすなどというのは、もう会社じゃない。ダメです。

奇人変人が働きやすい会社にする。また、変人を見いだして育成していくことこそが、経営者の一番の仕事なんです」

現在、広域営業本部長である田中保徳も、「サントリーでは、失敗よりも、何もやらないのが罪になる」と解説する。つまりやらない人にとっては厳しい企業体質である。サントリーの管理職はラインしかいないこともあるが、一流大学を卒業しながら組合員のまま定年を迎える人は意外に多い。当初から年功制を排していて、やったことでしか評価されない。

また、株式上場していないサントリーでは、社員は従業員というよりも個人事業家の性質に近い。新商品などのビジネスプランをボスであるトップに売り込み、取引が成立すれば予算が与えられ事業化できる。会社の立場は社長と社員だが、ビジネス関係として捉えるなら、両者の立場は対等という構造だ。

北川は「新商品を商品化できるかどうかの最終決断は、起案者がトップにプレゼンして決まりますが、いつも新しいものを求められます。世の中にないものが評価されやすい。また、起案者のプランに対する情熱を判断されます」と話す。

それでも佐治信忠は、「サントリーも一〇〇年以上の年齢となり、規模も大きくなった。このため、前例踏襲、官僚的体質がはびこり、大企業病になっているのですよ。個人事業家は理想なんですが、いまはほど遠い」などと、語る。

北川は立木との立ち話の続きとして、一年前に実施したモニター調査で「ビールは値段が高すぎて、思うように飲めない」という声が上がったことを例に挙げ、確認の意味を込めてビールの価格を押し上げている酒税の仕組みや、アメリカをはじめとする海外ではプレミアム、スタンダードといった価格別に商品が存在することなどを説明した。

二人の話し合いは雑談を含めても三〇分ほどに過ぎなかった。だが、この僅か三〇分間で、日本初の発泡酒の開発プロジェクトは決定される。

激しいシェア争いで戦線脱落

キリンとアサヒとの激突に押されて、四位メーカーのサントリーは、九〇年代に入ると厳しい状況に追い込まれていた。八七年に九・五%だったシェアは、八八年八・八%、八九年八・五%、九〇年には八・二%と減り続けたが、これだけでは済まなかった。

九二年からは課税数量による、沖縄県のオリオンビール（シェア〇・八%）を含めた五社でのシェア算出となった経緯は先に述べた（本書では九一年から五社の課税数量を採用)。九一年のサントリーのシェアは七・六七%(四社なら七・七二%)から、九二年は七・二一%(同七・二七%)、九三年六・七八%(同六・八四%)と年を追って落ち込んでいく。

そして、北川により商品化されていく発泡酒の「ホップス」が、静岡で一〇月に発売される九四年にいたっては五・九三%(同五・九九%)と、六%を割り込んでしまっていた。サントリーは、九〇年の販売量四一九〇万箱をピークに減少を続け、九四年には三三九九万箱(出荷量)にまで落ち込む。この数字は、アサヒにシェアで急接近した八五年よりも二七万箱少ない。

スーパードライ発売の前年に当たる八六年のビール市場全体の販売量は、四社合計で三億八八六六万箱。これが八年後の九四年には課税出荷ベースで五億七三二一万二〇〇〇箱(オリオン含む五社計)と、四七・四%も規模が拡大している。この間、市場全体の拡大に合わせアサヒを筆頭に、キリン、サッポロともに伸び率に差はあるものの、出荷量(販売量)を増やしていた。

唯一、サントリーだけが九一年から減らしてしまったのだ。激しいシェア争いのなかで、四位メーカーが戦線から弾き出されていく格好である。

サントリーの新商品としては九〇年に「純生」、九一年に「ビア吟生《ぎんじよう》」、九二年「ライツ」、九三年「ダイナミック」と投入するが、スーパードライや一番搾りには対抗できず、いずれも不調に終わってしまう。純生はかつての主力ブランドを復刻させたものの、発売前に「麦芽一〇〇%ビールのモルツが育っているのに殺してはいけない」とする佐治信忠と、「全面的に純生でいくべし」とする佐治敬三とで、〝親子喧嘩〟が勃発。結局はモルツに似た中途半端なパッケージデザインとなった。

佐治信忠は「親父とは、よく喧嘩しました。役員会で互いに背を向けてたこともしょっちゅうでしたが、息子の喧嘩を、正面から受けて立ってくれる親父でした。だから、私は経営者としての父を尊敬してます」と、いまでも振り返る。

ビア吟生は麦の殻を取り除いた麦芽を使用するという製法が、サッポロがほぼ同時に発売した「吟仕込《ぎんじこみ》」と重複した上、日本酒の団体である日本酒造組合中央会から「名称が日本酒と混同する」とのクレームを発売前に受けてしまう。この時は、既に発売していたキリンの一番搾りを含めて、サッポロの吟仕込とビア吟生の三品がクレームの対象となった。日本酒造組合中央会は公正取引委員会や大蔵省にも訴え、この結果、ビールの業界団体であるビール酒造組合は公取委から認定されていた「ビールの表示に関する公正競争規約」の施行規則を変更するまでに事態は発展する。

その後発売したライト系ビールのライツも二七一万三〇〇〇箱、天然水を使用したダイナミックは四四二万五〇〇〇箱と、期待以上の売り上げには至らなかった。

とりわけ、この時期のサントリーにとって痛手だったのは、九三年一二月にアメリカのアンハイザー・ブッシュ社との提携が解消された点だろう。サントリーとアンハイザー・ブッシュ社は八一年に提携。日本では最も人気の高い外国ビール、「バドワイザー」を利根川ビール工場でライセンス生産していた。最盛期には年間五〇〇万〜六〇〇〇万箱程度を国内販売していたが、この分、つまりはシェアの一%前後が、いきなり消えたのだ。

アンハイザー・ブッシュ社は九三年三月、バドワイザージャパンを、キリンの一〇%出資で設立。バドワイザーの国内販売をキリンにかえて九三年九月から販売展開していく。なお、キリンにとっては本来はもっと高い出資比率を望んでいたが、一〇%に制限されてしまったため、バドワイザージャパン設立記者会見には、キリンの真鍋圭作社長が終始不機嫌なまま臨んだという一幕もあった。

シェアより「みんなを幸せにする」商品を

後に日本の発泡酒の生みの親となる北川は一九五九年四月、京都市内の御所の近くで生まれた。父親は京友禅の職人。絵筆をもち、ものづくりに寝食を忘れて打ち込む父の背中を、幼い頃から見て育った。京都大学法学部を卒業して、八二年にサントリーに入社する。

「人を喜ばせるものづくりをしたかったのと、自分は酒が大好きだったことが入社の動機でした」。面接では、佐治敬三の弟である鳥井道夫現名誉会長から、「一人っ子なのに、東京で働いても両親は大丈夫か」と問われ「どこへでも行きます」と答えた。東京で営業を経験した後、八八年にビール事業部に配属。希望していた商品開発を、やってみることのできるポジションを得る。

九〇年四月から六月にかけて、北川は新製品のアイディア出しを行った。麦の殻を磨いたビール、天然水を使ったビール、バドワイザーよりも薄い淡色ビールなど、思いを巡らしていたが、このときに、「麦芽比率を半分にしてみたら、きっとすっきりした味になる」というアイディアがふと浮かんだ。

酒税法上、ビールとは水とホップを除く原料に占める麦芽構成比を三分の二（六七％）以上と定めている（残り三分の一以下は、米やコーンスターチといった副原料）。半分なら雑種発泡酒になるのだが、これはあくまで日本の酒税法での決まりであり、決してグローバルスタンダード（世界標準）ではない。ビール研究所長だった中谷和夫によれば、「アメリカで生産しているバドワイザーの場合、麦芽比率は五五％から六〇％」。ドイツはビール純粋令から麦芽一〇〇％以外はビールと表示できないなど、国により規定は違っていた（ちなみに、サントリーが利根川工場でライセンス生産していたバドワイザーは、日本国内でつくっていたため、麦芽比率六七％以上。輸入品の場合は仮に六七％未満でもビールと表示してあれば、日本国内でもビールと同じ課税扱いとなる）。

実際にサントリー最初の発泡酒「ホップス」が発売された九四年一〇月当時の酒税は、ビール（麦芽比率六七％以上）は一リットルあたり二二二円。六七％未満は発泡酒となり、同一五二円七〇銭。二五％未満は八三円三〇銭と三段階だった。麦芽比率が五〇％ならば、大瓶でビールよりも約四四円、三五〇ミリリットル缶ならば約二四円税額が安くなる。

北川は「麦芽半分」のアイディアを「ＢＺＨ」とコードネームをつけた。これはビール事業部雑種発泡酒をもじったもの。ただし、アイディアをまとめた一覧表には、ＢＺＨを欄外に記し「ビールではないが低い税金。味的にはサッパリ」と小さなメモを加えた。ビールの商品開発を本業とする自分にとって邪道と思えたからだ。

このときまだ、北川は奇人にはなりきれなかった。

北川が発泡酒を考案するそもそものきっかけは、九二年夏に調査会社が行った市場調査のためのグループインタビューに立ち会ったことだった。ここで北川は、消費者の生の声を聞く。

「ビールはお酒のスターターで、せいぜいロング缶二本まで。女房が僕の体を考えて、そのあとは焼酎を勧めます」

「ウチもそうなんですよ」

集まった中高年はこんな会話を交わしていた。別のインタビューでもビデオを再生したように同じ会話が見られた。しかし、北川が不思議に思っていると、ある時、次のような発言が飛び出した。

「何しろビールは高いでしょう。バブルが弾けて、いまは複合不況ですから」

「そう、ビールばかり飲んでると、家内に叱られちゃうんですよね」

北川は、「本当はみんなビールを飲みたいのに経済的な要因で本数を制限しているんだ」と納得した。

政府や日銀は景気について、「いざなぎ超えは確実」だとか「底堅い」などと楽観しているが、本当だろうか。バブル時代には増ページを競っていた新聞は随分薄くなってきたし、夜中にタクシーをすぐにつかまえられるようになった。株は大きく下がったし、倒産や失業者も増えている。このままの状態が続くようなら、安くてうまい商品をつくれば、多くの人に喜んでもらえる——こう考えて、北川は引き出しにしまっておいたBZHを引っぱり出す。プロジェクトが進行していた天然水を使用したダイナミックの後は、BZHでいこうと決めた。

日経平均株価はこのグループインタビューを行った同じ八月、ついに一万五〇〇〇円の大台を割ってしまう。政府は株価てこ入れ策として公的資金を投入したPKO（株価維持策）を初めて行う。クリスマスに当たる一二月二五日には、大手電機メーカーのパイオニアが、なんの前触れもなく三五人の中高年管理職に対して退職勧奨を行った。終身雇用の終焉、リストラ時代の到来、を予感させる出来事だったが、勤労者の七割を占めるサラリーマンは衝撃を受け、日本中が大騒ぎになった頃だ。

「いままで自分はシェアを取ろうと商品開発してきた。でも、今回に関しては多くの人に喜んでもらう商品をつくろう。BZHは『MAKE YOU HAPPY』の商品だ」

と、北川は自分自身に言い聞かせた。人を喜ばせようという発想の原点には、京友禅に打ち込んだ父親の姿があった。

ビールもどきが新スタンダードに

会長メモから開発本格化

さて、日本経済全体が沈んでいくなかで、立木常務との立ち話から発泡酒開発を許可された北川だったが、商品化まではまだまだ紆余曲折が待ち受けていた。

北川はまずビール研究所長で京大の先輩でもある中谷和夫に話を持ち込んだ。すると中谷は「俺は昔、発泡酒を研究したことがある」と言う。それは、七五年当時に、生産効率アップを目指して麦芽構成比二五％未満での醸造のチャレンジだった。なお、研究所はウイスキーの山崎蒸留所に近い大阪府島本町にある。

「コーヒーショップに行っても、紅茶はメニューにあるでしょう」

「あるねぇ」と中谷は言ってくれたが、短い沈黙の後、「だがなぁ、北川ちゃん。俺達ビール事業部だからなぁ」と、付け加えた。

北川は心の中で、「おそらくは日本で最初に発泡酒を手掛けた中谷さんからして、ビールにこだわっている」と思った。だが、再び中谷を正視して言った。

「これはビールとは違う価値観です。多くの消費者に、三本目、四本目を飲んでもらい、喜んでもらいたいのです。常識を破りましょう。中谷さん！」

中谷は、「まぁ、こういうのも、ありかな」と答えて笑ったが、続く言葉は出てこなかった。

北川はこの時のやりとりについて、いまはこんなふうに思う。

「研究者というのは、明確な目的をもたないと、真剣には取り組んではくれないものです」

だが、やがて中谷は本気になっていく。その理由は、七五年当時に発泡酒を研究したという個人的な自負からだけではなかった。実は、北川が研究所に面談に訪れた半年後の九三年春、同様のアイディアを持ち込んだ人物が現れたからだ。

その人物の名前は佐治敬三。

「米を五割、日本酒酵母でつくってみてはいかん」

小さなメモだったが、末尾にはKをまるで囲んだサインがある。社内ではこれを「まるめメモ」と呼んでいた。平社員でも常務に平気で立ち話ができるサントリーは下から上へのパイプは短い。だが、それ以上に、上から下への距離はもっと短く、そして太い。まるめメモを受けた中谷は、現在進行中の研究をストップしてでも、メモを優先しなければならないのだ。

どうやら佐治は、二月にキリンが発売した、副原料に米を多く使った「日本ブレンド」を意識したようだった。

中谷は、日本酒酵母では発酵しないためビール酵母を使い、米五割の発泡酒を試作。すぐに大阪本社にいる佐治敬三のもとにもっていった。

「いけるやないか、これ」

佐治は言った。

「で、税金は安いんやろう」

「はい、およそ」

「アホ！ およそとは、科学者のいうことか」

中谷をどやしたが、佐治は終始上機嫌だった。

米五割の話はこの時点で終わる。しかし、これをきっかけとして、研究部門は発泡酒開発に向け本格的に動き出した。秋には麦芽構成比率を六五％と北川は決めた。「二五％未満じゃないのか。六五％ならば、すぐにつくれる」と中谷は言い、普通の新製品ビールを開発するのと同じやり方でつくり込んでいく。プロジェクトはリーダーの北川を含め一〇人でスタート。味的にはあまりドライ系とせず、飲み応えのあるものに設計。ブランド名は人々の印象に残るように破裂音の「P」を使った「ホップス」に決めた。

約一年後の九四年三月一五日。東京支社で佐治信忠副社長（現社長）を前に、立木らがホップスのプレゼンテーションを行った。試作を試飲した佐治信忠は市場投入を認める。だが、この席に主役である北川の姿はなかった。父親が六三歳で急逝したため、京都に帰っていたのだ。北川は父親の死去を伝えるため、上司にかけた電話でプレゼン成功を知る。

その後、最後の難関、サントリーのチーフブレンダーも兼務していた佐治敬三へのプレゼンも行われた。ホップスを飲むと、佐治敬三は一言だけ言った。

「やれや」

同席していた中谷は安堵した気持ちから、「会長が一年前にメモしていただき、試作したものと同じコンセプトなんです。メモのお陰です」と打ち明けた。

「おお、そうだったのか。そりゃ、よかった」

中谷の言葉に、佐治敬三は大いに喜んだ。

本来なら、これで市場投入は決まる。

しかし、発泡酒ホップスの市場投入は簡単には決まらなかった。

「ビールもどきの商品をサントリーが出していいのか」

「麦芽一〇〇％のモルツにより、ようやくお客様から信頼を得た。やっとの思いで築いたビールへの信頼を裏切る行為だ」

発泡酒発売に対する反発は、営業や生産部門から上がった。ビール参入当初「サントリーのビールはウイスキー臭い」などという世間の評価に晒された苦い経験が、とりわけ中高年の幹部には染みついていたのだ。

中谷が入社した七四年頃、一日の仕事を終えると、ビール研究室の面々は国鉄（当時）の山崎駅前にある「ＬＯＵＮＧＥ・ＨＩＲＯ」で一杯やるのをならいとしていた。店に入ると、必ずウイスキーの研究部門のメンバーと鉢合わせた。すると決まって、「ビールは、早く黒字を出せよ」と大きな態度をとられる。若いビールの研究者達も負けじと「同じことばかりやっていて、それでも研究者か」などと言い返し喧嘩になるのだが、どうしてもビール陣営の旗色は悪かった。

現広域営業本部長の田中保徳が入社したのは七二年。すぐに、ビール営業に配属されたが、その当時を振り返って言う。

「ウイスキーの営業マンはパリッとした背広を着て、颯爽と出掛けてました。これに対して、私達ビールの営業部隊は赤地に白抜きで『サントリー純生』と描かれたド派手なハッピを着て、トラックにビールケースを積んで酒屋さんを廻ってたんです。同じ会社なのにこうも違うか、と感じたものでした」

サントリーはウイスキーの圧倒的なトップメーカーである。ウイスキーで稼いだ利益を、ビールや清涼飲料、ワイン、さらには医薬、外食、花卉など、他の事業に配分して育ててきた。だが、最も資金を投じたビールは六三年の参入以来、一度として黒字になっていないうえ、シェアはじり貧だった。北川のホップスが発売されることで、「サントリーは苦し紛れに発泡酒を出した」と評判を下げることになったらたまらない。いや評判だけならまだいい、「一つ間違えば、本体のビールを傷つけて、挙句には何もかも失う」といった消極論が社内を覆っていった。

「やってみなはれ」とばかりに何でもやれて、新分野を開くタイプのサントリーという企業でさえ、伝統的なビール産業に存在した一種の常識を超えるのは、並大抵のことではなかったのだ。

「ビールでなくとも、売れるものなら何でもよかった」

九四年六月の終わりになって、北川や立木は、テストマーケティングを静岡市で行うという対案を示し、社内を説得していく。テストマーケティングとは、限定した地域で販売して商品の動向を調査するマーケティング手法で、一種の試験販売である。静岡市を選んだのは、所得水準や年齢構成などが全国平均に近く、テレビ局などのマスコミも揃っているためだ。日本たばこ産業なども、新製品たばこのテストマーケティングをよく静岡市で行う。周辺地域を合わせた市場規模が全国の三％とされている点から、三％エリアなどとも呼ばれる。

当時、ビール事業部営業部長を務めていた相場康則は「評判が悪かったら（発売を）止めてしまえばいい、と判断しました」と話す。テストマーケティングは、缶コーヒーなどでは当たり前だったが、ビール関連では初の試みだった。相場は、洋酒事業部課長などを経て、四月に着任したばかりだった。

また、静岡での発売前には、「国税庁から、発泡酒と大きく明記せよなどと、ずいぶん指導を受けました」と相場は打ち明ける。ホップス三五〇ミリリットル缶の希望小売価格は一八〇円（消費税込み）と、当時のビールよりも四五円安く設定したが、酒税の差は六七％未満のため二四円しかなかった。そのため、缶の印刷を白、緑、赤の三色にとどめ、包装材も段ボールのむき出しのものを使うなど、極力コストを抑えて低価格に対応した。

こうして一〇月二〇日、日本初の発泡酒が静岡市で発売された。準備に追われて徹夜が続いた北川はほとんど寝ていなかったが、妙に頭は冴えきっていた。「テストマーケティングで社内を説き伏せたが、試験販売なんかじゃない。あくまで先行販売だ。ホップスは必ず売れる」と確信を持っていたからだ。それまで世の中に存在していなかった、まったく新しいものを立ち上げたという断固とした男の自負があるため、北川は成功を信じて疑わなかった。

果たして結果は、北川の予想以上だった。二〇日から月末までの初出荷で、大瓶換算で約三万五〇〇〇箱を売ったのだ。全国ならば、一〇〇〇万箱を超える計算である。

この瞬間、北川はヒーローになった。

JR静岡駅では試飲会を行ったが、相場は「九割が肯定的に受け止めてくれました。安いのにうまい、という回答が多かった。一八〇円が受けたのです」と話す。一一月に入ると、北川は好調なデータ結果を携え、佐治信忠副社長に報告する。テストの高得点を親に知らせる小学生のような、誇らしい気持ちで一杯だった。

ところが佐治はねぎらいの言葉など発せず、逆に北川は次のような質問を受けて一喝されてしまう。

「で、全国発売はいつならできる」

「はい、通常の新商品と同じ二月なら可能です」

「バカモノ、遅い！　すぐにやれ」

北川は生産部門や営業部門と急遽調整に入った。急な展開だけに時間がとれず、印刷会社と深夜の二時にポスターの打ち合わせをしたこともあった。全国への一斉出荷はとても無理だが、一二月八日の関東・甲信越、東海、近畿などを皮切りに順次販売エリアを拡大、全国を網羅できたのは九五年二月二三日だった。翌三月には、単月で六九万箱を販売。一〇月から三月までの累計でも一五〇万箱と、サントリーでは久々のヒットとなる。

ライバル各社は、「当社はビールメーカー。発泡酒などつくらない」、「サントリーは相当苦しいようだ」などとホップスを批判した。なかでもアサヒの瀬戸は「あれはビールのまがい物」と辛辣だった。

三月中旬、佐治信忠副社長は北川を昼食に誘い、ステーキで慰労した。北川は高級ワインのロマネコンティをねだり、二人はホップス成功を祝い乾杯した。北川は「今までにないカテゴリーを創出でき、多くの人に喜んでもらったのが、本当に嬉しい。その上、シェアアップもできたのですから」と話す。

事実、発泡酒開発により、サントリーのビール事業は九五年から二〇〇〇年まで、六年連続で前年実績を超える。そして、二〇〇〇年には初めてシェア一〇%を超える（一〇・三%）。

一方、佐治信忠は、ホップスについてこんなことを言う。

「ビールでなくとも、売れるものなら何でもよかったのです。商品を評価するのは業界関係者ではなく、消費者であり市場なのですから」

激変する市場環境とデフレから生まれたヒット

ホップスが発売された九四年は、猛暑によりビール・発泡酒の出荷が五億七三二一万二〇〇〇箱と過去最高を記録した年である。同時に、ビールの安売り圧力が強くなっていく時期にも当たる。大手スーパーのダイエーが、九三年一二月から、ベルギー直輸入缶ビール「ハーゲンブロー」（三三〇ミリリットル入り）を一二八円（消費税別）で発売を始め、当時の流行語である〝価格破壊〟の象徴的な存在になっていく。

九四年五月には酒税改定があり、ビールは一リットル当たり二〇八円から二二二円に増税された。なお、この時点ではまだ商品化もされていなかった発泡酒も増税され、麦芽構成比率二五％以上六七％未満が同一四三円四〇銭から一五二円七〇銭に、二五％未満が七八円三〇銭から八三円三〇銭にそれぞれ引き上げられた。増税に伴い、大手四社は一斉に小売希望価格を大瓶一本当たり一〇円値上げして三三〇円（消費税九・六一円含む）としたが、ダイエーは四月にメーカーの横並びの値上げを狙い撃つように、逆に国産ビールの値下げに踏み切り、ジャスコなども追随していく。

スーパーが安売りを仕掛けた背景には、スーパードライのヒット以降台頭していたディスカウントストアー（ＤＳ）の存在があった。ダイエーはそれまで三五〇ミリリットル缶を消費税別二一三円（増税前）で販売していたのを一九八円としたが、一部ＤＳではケース売りだけでバラ売りはしないものの、一缶当たり一七〇円を切る価格で販売していたのだ。ＤＳチャネルの販売はこの頃、ビール販売全体の一五％を占めていた。ダイエーにとっても、低価格のベルギービールだけでは、とても対抗できない強敵になっていた。

ビールを含め酒類販売は国税庁による酒販免許をはじめとする規制によって手厚く保護されてきた。ところが、ダイエーやDSによる安売りから、ビールにおいても希望小売価格そのものが揺らいでいく。つまりは、〝価格破壊〟の名のもとに、メーカー主導によって卸、小売の三層が利益を分かち合えた旧来の仕組みが崩れていった時期だったといえよう。ビールの価格は、一物多価の時代へと突入。昔ながらの酒販店は価格面での競争力を失い、コンビニなどへと業態転換していき、一方で消費者は都市部を中心にスーパーやDSで安いビールをまとめ買いする形に、消費行動も変わっていった。

国税庁は九三年夏、ついに一万平方メートル以上の新規出店のスーパーなど大型店に酒販免許を付与する規制緩和を実施。また、当時は内外価格差問題が表面化しており、様々な新しい流れが、営々としてまわしてきた古い秩序やら、既得権益やらを押し流していった時期でもある。

市場環境の変化に対応するため、キリンは九四年秋から、全国の各支社にDSを含めたスーパー、コンビニなど量販店を専門に担当する販売推進課を次々に設置した。キリンは量販店への売り込みの整備が他社よりも遅れてしまい、「この遅れがキリン凋落の一因」と指摘する幹部もいる。ある営業マンによれば、「それまでは、ディスカウントストアに売り込む場合、営業車を遠くにとめ、胸のバッヂを外して訪問していた。取引のある酒販店に見つかったら申し訳なかったから」と話すが、会社の販売戦略が変わると営業先も変わっていった。なお、ダイエーの輸入ビールは需要予測を見誤ったのが原因で、九五年には大量の在庫を抱えて失速してしまう。

サントリーによる日本初の発泡酒開発は、日本経済全体がデフレへと移行していくなかで行われていた。

ではライバル各社は、どう反応したのか。

追随したのは業界三位のサッポロビールで、麦芽比率二五%未満の発泡酒「ドラフティー」を九五年四月二〇日に発売した。ホップスが静岡で発売された七カ月後に当たり、価格は三五〇ミリリットル缶一六〇円（消費税込み）。酒税が安い分、ホップスよりも希望小売価格は二〇円も安かった。サッポロの現社長である岩間辰志は、「発泡酒はサントリーがパイオニアだが、二五%未満ならサッポロが先発」と胸を張る。

九四年一〇月には東京渋谷の恵比寿工場跡地に恵比寿ガーデンプレイスがオープン。バブル経済は崩壊し不動産不況を迎えていたが、東京の新名所となったガーデンプレイスの人気は高かった。サッポロの不動産部門は当初「開業時点で、少なくとも七割入居」という目標を立てて臨んだが、外資系金融機関などがここに移り、開業と同時に七割はすんなりクリア。その後、ほどなく一〇割を達成した。

だが、本業のビール事業では、サッポロはやはり苦しんでいた。八八年にアサヒに逆転され三位に転落。八七年には二〇%あったシェアも八九年以降は一八%台に留まり続けていた。もはや、アサヒを追撃する勢いはなく、新商品も九〇年の「北海道」、九一年の「吟仕込」は初年度一〇〇〇万箱以上を販売したものの、市場に定着するまでには至らなかった。それればかりか、九二年以降は「シングルモルト」をはじめ、空振りの新商品が続いてしまう。このため、業界の一部からは、ガーデンプレイスの人気に引っかけて「サッポロビールではなく、サッポロビル」などと揶揄する向きまで現れた。

九五年三月にはトップ人事が行われ、荒川和夫に代わり、副社長で営業のトップだった枝元賢造が社長に就く。ちなみに、枝元と、当時のキリン社長の真鍋とは、東大で同期の関係である。新体制が発足して最初の商品が、本邦初の麦芽二五%未満の発泡酒、ドラフティーだった。

これからは国と戦うことになる

サントリービール研究所長だった中谷は、サッポロのドラフティーについては脅威に感じなかった。その理由は「雑味が多く、二〇円の差ならホップスは勝てる」と判断したためだ。

一方、サッポロの現専務である岡俊明は、「とにかくまず二五%未満を出してみた。そのうえで、市場に応えながら改良を重ねていく作戦だった。結果、時間が経つにしたがい、市場からの評価は高くなった。ちょうど、ダイエーの輸入ビールなどにより、市場は低価格化の方向にあった」と反論する。

このときのサントリーにとって、脅威となったのはむしろ、ドラフティー発売直後に大蔵省（現在の財務省）が発泡酒をビール並みに増税する動きを見せたことだった。製法や味がビールとほとんど同じであるうえ、消費者もビールの代替品として飲んでいるケースが多く、「税率の差は不公平に当たる」というのが増税を狙う理由だった。

酒税改定の大蔵原案が発表されたのは一二月一五日。発表内容を見てサントリー関係者は愕然とする。麦芽使用比率は従来六七％以上がビールとされていたが、原案では五〇％以上が、一律にビールの税率（一リットル当たり二二二円）を適用する、となっていた。

これでは六五％のホップスは、ビールと同じ税額となり、節税効果は喪失する。

原案では二五％以上五〇％未満が一五二円七〇銭、ドラフティーの二五％未満は同八三円三〇銭から一〇五円へと増税額はわずかだった。改定時期は翌九六年一〇月とされていた。

北川は九五年一〇月に食品事業部に異動していて、代わって発泡酒の担当にはワインの商品開発経験を持つ石井靖幸が宣伝企画部からやってきていた。ビール事業部は一一月まで、麦芽比率五〇％を少し切るタイプでいくか、二五％未満でいくか、あるいは両方出すかと決めかねていた。増税は予測していたが、酒税改定がどうなるのか分からなかったからだ。だが、商品開発という作業においてどうなるか分からないムーヴィングターゲットを追うことは、時間の空費につながり、どんな商品でも失敗するケースの方が多い。

一一月下旬、石井は決断した。

「中途半端はよくない。二五％未満でいきましょう」

このとき石井は三三歳だった。ビール事業部の決定は、すぐにビール研究所に伝えられる。ビール研究所にいた磯江晃は、このとき漠然と思った。

「サントリーはこれから、国と戦うことになる」

磯江は一九五六年生まれ。東京大学農学部大学院で農芸工学の微生物を専攻して入社。中谷の片腕としてビール研究所を支えていた。

だが、この一一月の段階で、ビール研究所に麦芽比率二五％未満の商品につながる材料は何一つなかった。

中谷は、「じゃあ、本気を出すか」と言うと、研究者二人、工場設備から二人、生産部から二人の合計六人からなる専任プロジェクトをつくった。メンバーは二〇代、三〇代の若手ばかりだったが、六人を前に一冊の研究報告書を示した。それは、中谷が一九七五年から一年半行った発泡酒の研究報告書だった。一九年間も眠り続けた研究が、事業を左右する重要局面で陽の目を見た瞬間だった。

麦芽比率が六七％から二五％未満になるということは、酵母に与える糖やアミノ酸、ビタミンといった栄養が減ってしまうことを意味する。この結果、発酵が思い通りにできなくなる。酵母を人に例えるなら、一日三杯ご飯を食べていたのを、一杯にして従前通り一日八時間働けというのに等しい。中谷の研究がなければ、ご飯一杯でどれだけ酵母が働けるのかゼロから実証しなければならなかった。特に問題だったのは、ご飯二杯分の栄養を、何で代替するか。米や大麦、コーンなど副原料を与えれば、酵母は栄養を摂取できるが、美味しい発泡酒になるとは限らない。

だが税制改正は翌年一〇月。逆算すると、どうしても本格シーズンの前の五月には商品を出さなければ、市場は受け入れてくれない。時間的な制約の前に、中谷が打った作戦は、ご飯二杯分に代わる栄養源として、糖化スターチを採用することだった。

糖化スターチとは、とうもろこしを原料とした水飴状の液糖。扱っている業者が複数あり、どの糖化スターチが一番適切であるか、といった実用段階から開発をスタートできたのだ。サントリーは業者と共同で、新しい糖化スターチを開発していった。

中谷が七五年から一年半におよぶ研究の末、辿り着いた結論は、酵母に与える栄養が足りないと、発酵中にご飯が饐《す》えた臭いを発する物質が出る、ということだった。そのため、中谷は製法も変えた。従来のビールの製法では、仕込み工程で麦芽もスターチも混ぜているが、この方法だと麦芽の量が少ないため、麦汁の糖化が十分にできず、雑味が残ってしまう。次の発酵工程で酵母を加えても、酵母は喜んで食べてくれず、発酵がうまくできない心配もある。そこで、最初から一緒に混ぜる工程を改め、麦汁は麦芽だけで濾過させてつくり、煮沸段階で初めて開発した糖化スターチを加える形にした。これにより清澄な麦汁ができ、さらに豊富な栄養の糖化スターチの採用で、発酵度の高い発泡酒をつくることができた。

試作品が出来たのは翌九六年三月。中谷は発酵度が高いドライタイプと、少し高いタイプの二つの試作をつくり上げた。

試飲の結果、少し高いタイプの商品化が決まり、佐治信忠、敬三らへのプレゼンも成功した。しかし、まだ問題はあった。糖化スターチを受け入れる専用タンクを設置する工事が必要だった。工事が完了するまで量産はできない。遅くとも三月中には仕込みを始めなければ、五月中の発売は不可能になる。だが、操業中の工場での新設備設置は、突貫工事で行っても五月の連休までかかってしまう。

「何とかならないのか、みんな知恵を絞れ！　命運がかかっているんだ」

立木に代わりビール事業部長に就いていた深井汪常務は、檄を飛ばした。深井は缶コーヒー「ボス」を開発してヒットさせたことで知られる、サントリー商品開発畑のエースである。

「ウルトラCがあります」。生産部門からある提案が出された。それは、コーンスターチを搬送してくるタンクローリーを武蔵野工場内に横付けして、ローリーから釜までをホースで引き、そのまま材料を投入しようというもの。つまりは、受け入れタンクの代わりに、車両のタンクをそのまま使う前代未聞の離れわざである。

「タンクローリーは何台出動できますか」。サントリーとスターチメーカーとの間で、綿密な打ち合わせが行われる。ビール工場はコンピューター制御によりすべてが自動で運転されるが、このときばかりは造り酒屋と同じで、技術者の勘に頼る手作業で糖化スターチ投入が実行された。

そして五月二八日。ようやく商品化された麦芽比率二五％未満の発泡酒は「スーパーホップス」という名で発売された。希望小売価格は三五〇ミリリットル缶一五〇円（その後、九七年四月の消費税引き上げと外税化により一四五円に改定）。サッポロのドラフティーよりも一〇円下げ、業界横並びの価格体系を壊した。九七年には年間二〇〇〇万箱を売るサントリーのトップ商品となる（その後終売しマグナムドライ、純生へと引き継がれていく）。

このとき中谷が編み出した糖化スターチをベースに使用する醸造方法は、その後各社が商品化する発泡酒のスタンダードにもなった。

第6章　二〇〇一年、業界首位交代

「生ビール売り上げナンバーワン」

アサヒが打った大博打

「生ビール売り上げナンバーワン」

首位キリンにとっては、何とも忌々しいコピーだが、アサヒが九五年二月から三月に打ったスーパードライの宣伝広告である。テレビや新聞、雑誌で使われた。当時、マーケティング部次長兼宣伝課長だった二宮裕次は打ち明ける。

「アサヒとしては、この時に大きな賭けに出たのです。狙いは、キリンのミスマーケティングを誘うことでした。広告による情報戦略でした」

九四年のキリンのシェアは四九・〇%。対するアサヒは、樋口時代後半の停滞は脱したとはいえ二六・〇%。ほぼ倍であり、この年のトヨタと日産のシェア差よりも大きい。

「首位奪取は目標としてはありました。しかし、あくまでも夢の世界でした」と二宮は振り返る。スーパードライが、生ビールのナンバーワンになったのは八八年。アサヒがサッポロを抜いて二位に浮上した年である。それから、七年も経過した九五年に、敢えて「生ナンバーワン」と訴えたのは、ビール市場のナンバーワンブランドであるキリンラガーを揺さぶるためだったのだ。

九四年実績ではラガーの販売量は一億五一五〇万箱。ブランド二位のスーパードライは一億二一五〇万箱。その差は年々縮まってはいたが、まだ、三〇〇〇万箱とシェアに直して五%を超える差があった。一八八八年（明治二一年）発売のラガーには、中高年を中心に根強い固定ファンがいた。ラガー発売の九九年後に発売したスーパードライを中心商品とするアサヒにとっては、なかなかこじ開けられない岩盤だったのだ。

そこで「ラガーの商品戦略を変えてくれれば」と、アサヒ陣営は思ったのである。しかし、二宮が言うように「生ナンバーワン」広告は、危険な賭けでもあった。

キリンが静観を決め込んだ場合は、大きなシェアの変動はないだろう。しかし、キリンが、ラガーの商品戦略をそのままに、同じ生ビールのジャンルに入る一番搾りを前面に押し出してきたとしたら、スーパードライは厳しい戦いを強いられる。

一番搾りもスーパードライも、缶の比率が高く、スーパーやコンビニで人気があり、二〇代の若者や女性にも支持されていた。ビール市場の三位ブランドである一番搾りは、スーパードライの三年後に発売。ともに、ラガーから離れてきた浮遊層が飲んでおり、共通項が多かったのだ。

「キリンはどう出るでしょう」

「賽は投げられたんだ。様子を見るしかあるまい」

吾妻橋のアサヒ本社社長室で、瀬戸と二宮は短い会話を交わした。慶応大学文学部を卒業して七二年に入社した二宮は、二〇代で長崎、富山とアサヒが弱い地域で営業をした経験をもつ。「学生時代は酒を飲んで、遊んでばかりでした」と笑う二宮がアサヒに入社した動機も、「酒が好きだったから。それに、キリン、アサヒ、サッポロとも、全国ビール労働組合連合会に属していたため、初任給に違いがなかったから」。

入社して数年後に慶応の同窓会があり、二宮は赴任地の長崎から上京する。たまたまキリンに入社した学友がいて、年収の話題になり、二宮は仰天してしまう。給料は同じ五万円だったが、年収は二宮の一〇〇万円に対し、キリンの友人は一七〇万円と、七〇万円もの開きがあったのだ。

「だって、キリンはボーナスが年三回出るんだぜ」

冷静に考えれば、シェアが六割を超える会社と、一四％台の会社（七二年）とでは、働く社員の年収が同じ訳がない。ショックだったが、この時二宮は現実を知る。「でも、金だけがすべてじゃない。頑張ろう」と自分に言い聞かせながら翌日には長崎に帰ったが、キリンへの少なからぬコンプレックスと脅威を感じていた。

瀬戸が社長となり、マーケティング部課長からマーケティング部次長兼宣伝課長に昇格したときにも、二宮は思った。

「キリンのマーケには、ハーバードビジネススクール出をはじめ優秀な人間がたくさんいる。なのにウチときたら、慶応で遊んでばかりいた自分のような男が、マーケ部を指揮しなければならない。相手になるだろうか」

しかし、売り上げを伸ばさなければならない状況にあるアサヒでは、個人的な気後れなどしている余裕はなかった。しかも、シェアは上昇基調にあり、重要なポジションに抜擢された形である。確かにMBA（経営学修士）取得者ほどのマーケティングの知識はないかも知れないが、二宮には売れない時代に売れない地域で、ドブ板をかけずり廻り売り込んだという、キリンの社員にはない経験が染みついていた。

「そのとき学んだのは、売れるということへの感謝。そして、売れる答えはお客様にあるという二つです。マーケにしても基本はお客様がどう見ているか。ここを外さなければ、きっとやれる」

自分の中に昔からいる、キリンという名の巨大な存在に向かって、二宮は大博打を打った。

アサヒの土俵にキリンが上がってきた

アサヒが問題の広告で賭けに出た約一〇カ月後、九六年一月一〇日午前九時のアサヒビール社長室。キリンがこの月の二二日以降、主力のラガーを順次、非熱処理タイプに切り替える、つまり生化することを報じる新聞記事を読み終えると、瀬戸は二宮と握手を交わし、そして言った。

「よし、これで勝てる!」

「はい、生ビールという我々の土俵にキリンが上がってくれましたから。こちらの型で戦えます。何か、祝杯をあげたい気持ちです」

「一本あけるか。ビールなら売るほどあるよ」

「いえ、社長、まだ勤務中ですから」

ダイエーの輸入ビールに始まるビールの価格破壊は、酒販店による一般家庭への配達といった、キリン優位の仕組みをも壊してしまっていた。いままでの強さは、もはや弱さに激変し、環境の変化にキリンは翻弄されていた。

九六年三月、キリンは真鍋圭作社長が会長となり、佐藤安弘専務が社長となるトップ人事が行われていた。早大商学部出身の佐藤は、経理、不動産事業開発、経営企画室とスタッフ畑を歩み、ビールの営業経験は全くない。しかも二度の出向経験をもつなど、エリート集団キリンのなかでは、特異な社長誕生だった。

真鍋、佐藤と二代続けて社長にスタッフ出身者が就いた形だが、真鍋は社長在職中から「キリンはもうビール専業メーカーではない。（九〇年に第一号医薬品を出した）医薬事業などはビールに比べたら小さいなどという人が社内にいるが、ビールは成熟産業なのだから、キリンは事業構造を変えなければならない」と、筆者に話したことがある。

だが、本流である、営業が主体のビール事業本部の力は強大で、とりわけ営業出身の本山が会長に在職中は、本山の意向に真鍋は従わされていたフシはあった。しかも、九三年には総会屋への利益供与事件、そして九五年八月には取手工場で生産していた地域限定ビールに微生物の混入が発覚する事件などがあり、真鍋の社長在任中は何かと問題が相次いだ。そうしたなかで、変革ができる人物として真鍋は佐藤を後継に指名したといえよう。

真鍋が最後に打ったラガー生化は、結果論でいえば、商品戦略の失敗だったといえる。生化を機に、アサヒが一気にシェアを押し上げ、キリンは逆に落としてしまう。しかし見方を変えれば、キリンのとりわけビール事業本部の魂ともいえるラガーを、生ビールに変えたことは、キリン変革への第一歩と取れなくもない。

アサヒが「生ビール売り上げナンバーワン」の広告で大きな賭けに出た頃を振り返っ

て、佐藤はこう話す。

「ラガーの生化は、キリンとしては踏み切らざるを得なかったのです。ラガーは熱処理ビールであり、生にできないのはキリンに技術力がないからだ、などと言われましたから。結果論ですが、一番搾りにしても発売当初の勢いはなくなっていたのです」

キリンが、熱処理していたラガーを、熱処理しない生ビール化したのは九六年一月（ちなみに「ラガー」とは熱処理することではなく、ビールを熟成させることを指している）。九〇年発売の一番搾りがヒットして以降、キリン社内では主力商品のラガーと一番搾りという二大ブランドを巡り、どちらに経営資源を集中させるかで葛藤が続いていた頃だった。

アサヒの「生ビール売り上げナンバーワン」広告が春先に打たれた九五年六月、キリンは「キリンビアーズカップ'95」というキャンペーンを実施する。中山美穂、鈴木杏樹の若手人気女優を二人、テレビCMに使い、ラガーと一番搾りの人気投票を実施したのだ。結果についてキリンは公表していないが、消費者は一番搾りを多く支持した。

取締役経営室長から、常務、九五年三月には専務へと昇格した佐藤は、こうした結果を受けて一番搾りを押していた。

「お客様が支持している商品を強く推奨するのが、メーカーです」

佐藤は主張したが、ビール事業本部は「一番搾りの支持が高かったのは、一番搾りのメインユーザーである若年層の投票が多かったため。ラガーの潜在ファンはもっと多い」と、聞いてくれない。それどころか、ビール事業本部内では、「ラガーセンタリング運動」というラガーを中心に販売していく動きが前にも増して加速されていく。

こんなことなら、お金のかかるキャンペーンなど最初からする必要はなかったはずだが、営業最前線の現場も二大ブランドを巡り混乱を招いていた。

「客先で一番搾りなら買ってあげると注文を受け、勇んで支店に戻ると、上司から『ラガーはどうした』と言われ、どうしていいか分からなくなりました」

こんな若い営業マンの声を佐藤は直接聞いていたのである。

「何とかしなければならない」と佐藤は考えたが、「キリンはラガーである」とするビール事業本部の営業部隊は強硬だった。営業部隊に限らず、キリン幹部はみな、ラガーという単品で生きてきた。実際、七〇年代から八〇年代にかけては、六割ものシェアをラガーは有していた。これだけ長期間、支持された商品は、日本の産業界ではそうざらにはない。ラガーは、キリンにとっての成功体験であり、キリンそのものであり、一種の〝聖域〟だった。

ライバルのスーパードライはもちろんのこと、自社の一番搾りでさえラガーを侵してはならないという暗黙のルールがあった。したがって「熱処理なのは技術力がない」といった声には過敏であり、ライバル社の「生ビールナンバーワン」などというCMは許せなかったのである。

市場と、消費者のニーズと、そしてメーカーの商品への考え方が乖離するなか、「長期低落傾向にあった商品」（佐藤）をどうしても中核に据えようとするならば、その商品は市場ニーズに近づけなければならない。したがって、ラガーの生化はキリンにとっては不可避だった。「すべては結果論なんです」と佐藤は繰り返す。

キリンも発泡酒参入へ

佐藤は社長に就任するとそれまでのビール事業本部を廃止した。マーケティング、生産、物流の三本部に再編成して、社長直轄にしていく。つまりは、社長の権限を強固にしたのである。それまでのビール事業本部には、支社や工場、本社の物流部門なども含まれ、会社全体の半数を占める巨大な組織だった。当然、決定までに時間のかかる硬直化した体質をもっていた。特に、ラガーセンタリング運動に代表される世間の声を無視した自分よがりの行動をとる体質を、佐藤は許せなかった。

さらに、就任時に佐藤は、発泡酒への参入を社内に宣言する。低価格化志向の波が押し寄せていている一方、ラガーは長期低落していて、生化での挽回は未知数だったからだ。さらに、一番搾りにもかつての勢いはなくなっていて、伸びている発泡酒という市場に大型商品を投入して、商品ラインをもう一度立て直そうと佐藤は考えた。

当然のように、「発泡酒はビールではない」とする反対意見が相次ぐ。だが、佐藤は経営者として言った。

「みなさんが反対なら反対でもいい。ただしキリンは、発泡酒を発売する」

社長就任早々、佐藤は東京台場のホテルや横浜で開かれた、生化したラガーの試飲キャンペーンに出向き、社員の先頭に立ってラガーを売り込んだ。

生化したラガーの出足は好調だった。二月は前年同月比で二〇%増、三月は一〇%増、四月は八%増と推移した。が、スーパードライは、三月一一%増、四月二〇%増と、ラガーを上回る伸びを示す。アサヒは勢いを増し、攻撃してきた。

そして九六年六月。単月の瞬間風速ながら、スーパードライの出荷量が、ラガーを逆転してしまう。一九五四年（昭和二九年）以降、常にトップブランドだったラガーが、四二年ぶりに首位の座を明け渡してしまったのだ。

アサヒの社内は沸き立った。瀬戸は移動中の車のなかでこのニュースを知る。社内電話を握ると、「今回のことを節目として、より新鮮でおいしいビールの提供にまい進したい」とするコメントを発表するよう広報部に指示したほどだ。

佐藤は、こうしたなか、チェコ大使館から招待されたパーティに出席する。キリンがチェコ産ホップを大量に購入しているためだが、会場にはアサヒ副会長の薄葉がいた。佐藤は、ひとつ年上でありスーパードライの開発者である薄葉に自ら歩み寄り、挨拶を交わした。「私は新任社長でしたが、薄葉さんはスターでしたから、私の方から挨拶にいきました」。

短い雑談の後、佐藤は思い切って尋ねてみた。

「アサヒさんはいまや絶好調です。この理由は何なのでしょうか」

薄葉は、一瞬「ウン」と考える素振りを見せると、腹蔵なく次のように答えた。

「それはですね佐藤さん、アサヒは業績が悪化していた八〇年代前半、工場閉鎖を含む大きなリストラを行いました。会社を守るため、多くの仲間が自分の意思に反してアサヒを去ったのです。リストラとはね、佐藤さん、サラリーマンにとっては地獄なんですよ。昨日まで席を並べていた仲間が捨て石として散っていったのですから、残った我々としても断腸の思いでした。

明日、会社がどうなるか分からない、ギリギリの経験をアサヒは踏んでいるから、いまはそれをバネにして、みんな一丸となれるのです」

薄葉は、かつてサントリーに流通網を開放した山本為三郎元アサヒ社長の薫陶を受けて育った。山本は「アサヒの利益以前に、ビール産業の発展を」とよく口にしていた。とりわけキリンとアサヒは、一位と二位のライバル同士だが、薄葉は同じビールを愛する個人として、佐藤に真摯に対応した。会社や経営者といった枠を超え、ともにビールに生きる二人の男のさりげない交流である。

薄葉は佐藤について「一本筋の通った男気のある人」と評し、佐藤は「薄葉さんほどの人が、新任の私に心からアドバイスをしてくれたのは嬉しかった」と話す。

佐藤は薄葉とのやりとりから、「やはりアサヒから比べれば、キリンはまだ甘い」としみじみ思った。さらに、「日本人の人口が増えないため、ビール市場はこれ以上は伸びない。キリンの生産体制はいまのままでは明らかに過剰だ。工場の整理統合は避けては通れない。アサヒのようにギリギリの状態になって打つリストラではなく、余力がある段階で統廃合に手をつけよう」と考えていた。

初の月間シェアトップ交代

出荷量が減る一月を狙え

九六年のビール・発泡酒の総出荷量は五億六七三五万四〇〇〇箱（一箱は大瓶二〇本）。このうち、発泡酒は一〇月に増税されたものの、サントリーが「スーパーホップス」を、サッポロが「ドラフティーブラック」を、麦芽比率二五％未満で発売して、前年比四三％増の二一四四万四〇〇〇箱が出荷された。ビール・発泡酒を含めた総出荷量に占める発泡酒の構成比は三・八％となった（九五年の構成比は二・七％。また、九七年には五二・八％増えて構成比五・八％に）。

ラガーを生化したキリンは、ビール・発泡酒総市場でのシェアを、二・七ポイント落として九六年は四四・八％で終わる。一方のアサヒは二・七ポイント上げて二九・二％に。発泡酒を含めないビールだけならば、三〇・四％と一九五九年以来の三割を回復する。それでも、両社のシェア差は一五・六ポイントもあった（ビールだけならば、キリンは四六・六％で一六・二ポイント差）。

ところが、年が明けた九七年一月、単月の瞬間風速ながらアサヒはキリンをいきなり追い抜いてしまった。

この月のアサヒのシェアは三七・九％、対するキリンは三六・八％。ついに業界首位が逆転してしまったのである。この逆転劇は、実は四カ月前から周到に準備されたアサヒの奇襲作戦が成功した結果であった。一月はビールの需要が最も少ない月である。しかも、前月の一二月は忘年会シーズンの大きな需要期であり、ビール各社の期末月に当たる。各社は年末に大量に出荷するため、どうしても流通在庫が増え、一月の出荷量は毎年少なくなっていた。

アサヒはこの点に目を付けた。前年六月にはスーパードライがラガーを抜き、初めてブランド首位に立った。その後も月によっては抜いていた。六月に得た勢いを加速するためには、ブランド別ではなく、メーカーとしてトップを取るのが一番だ、とアサヒは判断した。

そこで、一月をターゲットに、一〇月から作戦準備に入った。まず、一二月までの出荷量を実際の需要にできる限り近づけ、流通在庫を徹底して減らしていく。次に、市場からのビールの回収を年末までに大量に受け入れた。アサヒは戦略的に「鮮度の差別化」を徹底したため、店頭で三カ月以上たった商品を工場に引き取り、回収・廃棄していた。回収されたビールは国税庁に申し出て、出荷のときに課税されていた金額を払い戻してもらう仕組みである。したがって、回収量が増えると課税数量（出荷量）は減り、シェアはダウンしてしまう。この回収を年末に徹底し、一月はゼロを目指したのだ。こうした作戦が実行できたのは、調達から生産、物流、販売、さらには需要予測までの一貫管理システムが構築されていたからである。

作戦上、最も重要だったのは、「社内外の情報管理でした。味方を含めて、誰も予想しないことをやるからこその奇襲です。作戦がばれてしまえば、戦果は得られません。社内でも、一月にシェアトップを取る作戦を知る人は一握りだったのです」（アサヒ首脳）。

アサヒとすれば、九六年中にどれだけキリンに迫るかを捨て、一月の一カ月間、つまりは一瞬のインパクトに賭けた形である。

九七年が明けると、アサヒの出荷量だけが突出した。

それでも、ミスは発生した。本当の事情を知らないある工場の関係者が、一月中にいつもと同じに、ビールを回収してしまったのだ。「一二月に全部受け入れろと指示したはずだ。二月じゃいかんのか」。〝参謀本部〟では幹部が地団駄を踏む一幕もあったが、一月の出荷量はアサヒの一〇三〇万三〇〇〇箱に対して、キリンの九九〇万六〇〇〇箱と、約四〇万箱の差でアサヒが首位に滑り込む。

新聞などのメディアは、このニュースを大きく扱い、奇襲攻撃は成功。年初にキリンは出鼻を挫かれ、逆にアサヒは勢いに乗りキリンを追い上げていく。

現在は上海販社で総経理（社長）を務める大澤正彦はこの頃、佐賀支店長の職にあった。偶然出向いたホテルで、地元の問屋や業務向け小売の幹部が宴会場前に居並んでいるのを目撃した。何事かと顔見知りの酒販店社長に聞いてみると、「いまからキリンの偉い人が来る」との答えだ。佐賀は、長崎と並びキリンの牙城だったが、大澤は思った。

「これじゃどっちがお客様か分からない。キリンの営業現場は社外より社内を優先している。アサヒならば、仮に瀬戸社長が来ようと、瀬戸さんは出席者より先に会場に着き、出席者を迎えているはずだ。キリンの首脳は、こんな実態を知らないのではないか。アサヒは必ず、キリンに勝てる」

ビールが減っても、それ以上に淡麗を伸ばせばいい

サントリーが九四年に「ホップス」を商品化したときから、キリンもアサヒも発泡酒の研究に着手はしていた。キリンが発泡酒参入を決めたのは、九六年三月。社長に就任した佐藤によって社内で発表されたことは前に述べたが、社外に発表したのは九七年九月三日である。この日記者会見した佐藤が発表したのはキリンの中期経営計画（一九九八〜二〇

〇〇年）だった。

もっとも、この会見で発泡酒以上に記者達の関心を呼んだのは、東京、京都、広島の三工場閉鎖だった。工場集約化と約一〇〇〇人の削減により、二〇〇〇年までには年間三〇〇億円のコスト削減を狙うとした。ルノーからやってきたカルロス・ゴーンが村山工場の閉鎖などの「日産リバイバルプラン」を発表する二年前のことである。

発泡酒については九八年早々にも発売するとした。佐藤は、「実際に商品が出来上がるまでには、社内でやるぞと宣言してから二年かかりました」と話す。キリン初の発泡酒（麦芽比率二五％未満）、「淡麗」が世に出たのは九八年二月だった。

淡麗の商品開発は九六年春から始まっていたが、本格化したのは実は九七年秋以降。このとき、一人の男がキリンに帰ってきてからだった。

男の名前は前田仁。前田は「一番搾り」の開発者である。一番搾りが売れていた九三年三月に、ウイスキーメーカーのキリン・シーグラム（二〇〇二年七月からキリンディスティラリーに社名変更）に出向。サントリーにやられていたシーグラムの商品ラインを立て直し、発泡酒開発を前にしていたキリンに、マーケ本部商品開発部部長として呼び戻されたのだ。

この時前田は、シーグラムから和田徹をキリンに連れてきて、淡麗の開発部隊に加える。キリンといわず、ビール会社といわず、メーカーにとって新商品開発部門は花形である。淡麗の開発部隊は五人だったが、関連会社の社員を命運を賭けた大型商品の開発に抜擢するなど、当時のキリンでは異例だった。が、「できる人間を使うのは当然」と前田は意に介さなかった。

前田は一九五〇年生まれ。関西学院大学経済学部を卒業して七三年に入社。大阪で営業経験の後、八一年から商品開発を手掛けたり既存商品のブランド管理を行うマーケティング部へ。スーパードライ発売前年の八六年には、グリーンボトルを使い、完成度の高い麦芽一〇〇%ビールとして評価が高いハートランドを開発。さらに、ハートランドを提供する直営レストラン事業を立ち上げるなど、〝公家集団〟とも揶揄されるキリンのなかでは特異な存在として知られていた。ライバル、アサヒの幹部でさえ「前田さんがいなければ、戦いはもっと楽なのに」と言わしめる、キリン・マーケ畑のエースである。

一方の和田は、一九六一年生まれ。慶応大学経済学部を卒業して八五年にシーグラムに入社。「ロバートブラウン」や「フォアローゼス」のブランドマネジャーを務めていたが、そのセンスを前田に認められてキリンに出向となった。和田は淡麗についてこう言う。

「スーパードライの勢いを止めるのが、最大の目的でした。価格軸を持ち込むことで、スーパードライの分断を狙ったのです」

前田が赴任する九七年秋まで、キリンでは実は二〇〇近い発泡酒の試作品をつくっていた。だが、従来の新商品と同じで、主力のラガー、一番搾りと競合しない発泡酒というコンセプトだったのだ。だが、前田は、「ビールが減っても、それ以上に淡麗を伸ばせばいい」と明確な方針を打ち出したのだ。アサヒの猛追を受ける以前ならば、考えられない発想の転換ではある。「カッコイイ表現を使うなら、マーケットの創造的破壊に挑んだのです。アメリカのビール市場は、六割は価格の安いエコノミー商品です。好景気でも、その割合は上がっていた。不況に直面していた日本なら、発泡酒というエコノミー市場が大きくなれば、きっと受けると考えました」と和田は話す。

だが、一般の消費者にも、流通にも、さらにはキリン社内にも、発泡酒を毛嫌いする空気はまだ強かった。

「ビールのまがい物だ」「胡散臭い」「水で薄めているのじゃないか」「アサヒに抜かれたらどうするつもりだ」——。

九七年一〇月から淡麗が発売される九八年二月まで、終電後も和田は連日会社に残って仕事に向かい合っていた。販促やPRについて企画していたためだが、予想以上の発泡酒への反発に、気持ちが挫けることも一度や二度ではなかった。

「そんなとき、前田さんは、『正しいことをすればいいんだよ』と励ましてくれました」と振り返る。和田たちは、発泡酒と淡麗についての誤解を取り除くため、何度も社内を説明して歩いた。むしろ、商品開発以上に社内行脚の労力が大きかったとも言えよう。

淡麗の特徴は、コーンスターチばかりでなく、粉砕した大麦を原料に加えた点だ。従来の発泡酒は「すっきりとした味で、カジュアルな商品として若者に受けていた」（和田）。これに対して、大麦を使った淡麗は「本格的な味になりました。それまでの発泡酒とは、味のカテゴリーが違ったのです」と前田は話す。

前田や和田が淡麗開発のため、残業を続けていた九七年一一月には、北海道拓殖銀行、山一証券など、一連の金融破綻が続いた。終身雇用といった旧来の日本型システムは崩壊していき、サラリーマンの会社に対する価値観の転換が求められていく。つまり「就業後、上司が部下と縄暖簾をくぐり、ビールで乾杯するライフスタイルが消えつつあった」と和田は指摘する。日本経済は最悪期を迎えていて、安い商品が受け入れられるデフレの時代に突入していた。

九八年二月発売の淡麗は、当初初年度一六〇〇万箱を目標に立てたが、一二月までに四〇三六万五〇〇〇箱を販売する。発泡酒市場では「スーパーホップス」を抑えてトップになり、発泡酒市場全体も九八年には一三三・五％も拡大。ビール・発泡酒市場での発泡酒の構成比は、九七年の五・八％から九八年は一三・五％と初めて一割を超えた。

キリンのシェアは、九四年の四九％から九七年には四〇・二％まで落とし続けていたが、淡麗発売により九八年は四〇・三％と〇・一％ながらアップした。アップ率が少なかったのは、ラガーなどのビールと淡麗が競合したためである。

一方、九八年のキリンのビールだけの出荷量は前年比で一七・二％減ったため、ビール単体の市場ではアサヒに抜かれてしまった。結果はアサヒの一億九四〇〇万七〇〇〇箱（ビールだけのシェア三九・五％）に対し、キリンは一億八八三三万八〇〇〇箱（同三八・四％）だった。

ラガーの生化はキリンの敵失

九九年一月一二日、ついにビール市場でアサヒが首位に立ったことが報じられた。

アサヒビール本社の全体を見渡すことのできる、広いオフィスフロアの中心では、社長の瀬戸が泣いていた。瀬戸だけではない、池田や二宮、本山らの幹部、さらには若手や女子社員まで、その場にいた全員がオイオイと感涙し、誰彼となく抱き合っていた。

「九六年七月にスーパードライがラガーを抜き、九七年にはブランドで一番を取り、そしてついに、アサヒはキリンを抜いたのですね。これは、もう……」

二〇代の若手が何かを言い続けようとするが、涙で詰まってしまいそれ以上は出てこない。地獄の底から這い上がったアサヒは、戦後の日本の産業界における強さの代名詞だったキリンにビール事業で勝利したのだ。

執行役員でSCMを推進した本山はいう。「アサヒに入社したことが正しかったのだと、しみじみと思い、感激しました」。七二年に東京理科大を卒業してアサヒに入社した本山は、西宮工場を皮切りに、吾妻橋、博多と生産性が悪化していた工場に配属され、資材や労務を担当する。シェアは落ち込み、工場の稼働率も平行して落ちていく。そこで、草むしりをはじめ、施設のペンキ塗り替え、剪定などの緑地の管理といった仕事も、外部ではなく工場の社員全員で手掛けるようになった。草むしりのときなど、当時二〇代だった本山が主導した。工場長であろうと、本山の指示に従って雑草を引っこ抜いていたのだが、そうした若いときの苦労が走馬燈のように、思い出されてもいた。

「生ビールナンバーワン」広告を打った二宮は、「まさか本当に逆転できるなんて、夢想だにしませんでした。しかし、夢が現実のものになりました」と話す。

瀬戸はいまではこう言う。

「この時は、全社員と感動の共有ができました。感動を共有した経験をもつ組織は強い。どん底を経験して、復活して、社員とオイオイ泣いた経営者なんて、他にはいないんじゃないでしょうか。

この時在籍していた社員は新入社員であろうと、苦しい時代を経験したベテランであろうと、みんな誇っていいと思う。一人として怠けるものはいなかったし、一人として目標を見失うものはいなかった。上下の意識などなく、アサヒの仲間としてみんなが燃えてキリンを抜き、一位をとった。全員の力を結集して得た勝利なんです。こういう会社だから、アサヒにはたった一人のヒーローはいらないのです」

また、キリンを逆転できた要因について瀬戸はこう自己分析する。

「商品力がまだ強かったラガーを、キリンが九六年に生化したためです。キリンの敵失に助けられたのです。これはサッポロの黒ラベルの終売（八九年二月、同年九月に復活）のときも同じでした」

もっとも二宮はこの点を、キリンが敵失したのでなく、アサヒの広告が敵失を誘ったのだと見る。キリンが当時、ラガーを「中期凋落にあった」（佐藤）と見ていたのに対し、アサヒがその商品力を認めていた点は、見事なまでの対照ぶりである。そして、感動の共有から社員が熱くなった余韻もまだ冷めやらぬ翌日の一月一二日、アサヒの取締役会では、瀬戸が会長となり、後任に副社長の福地茂雄が昇格するトップ人事を決める。発令は一九日だったが、会長の樋口は名誉会長兼取締役相談役に退いた（二〇〇〇年三月からは相談役名誉会長）。

任期途中のトップ交代だったが、ビールの首位獲得と、アサヒ単体での売上高一兆円達成が、瀬戸の花道になった。瀬戸はいま、この時の交代について「福地さんは苦しい時代から一緒にやってきた人。会社の問題について何もかも分かっていた。特に、財務面での締めくくりをしてもらいたかったのです」と説明する。

場外ホーマーか、大いなる空振りか

ドライ系発泡酒を出せないか

「このままでは浮上は難しい。ドライタイプの発泡酒を出せないか」

サントリー副社長の佐治信忠が、年末年始の動向からビール事業部の石井靖幸に指示を出したのは九九年二月だった。一般に、ビールや発泡酒の新製品は二月に発売される。最盛期の夏場に向け、プロモーションをかけていくからだが、信忠にはそんな常識は通用しない。一年前にキリンが発売した発泡酒淡麗、そしてサッポロが九八年一〇月に出した「ブロイ」がヒットし、サントリーのスーパーホップスは「年間二千万箱出荷はしたけれど、負け始めていた」(石井)のである。

スーパーホップスが世に出た九六年の段階では、発泡酒とは「安くてカジュアルに飲める低アルコール飲料。特に若い人に人気があった」(石井)。ところが、淡麗の登場から発泡酒は幅広い層で飲まれるようになり、ある種の市民権を得ていく。

ビールと異なり、一四五円（消費税含む）という低価格ゾーンであるため、ブランドに対する消費者のロイヤリティも希薄である。「淡麗が売れたのは、キリンという会社への消費者の信頼が大きかった。ブランドへの支持ではない。缶のパッケージも、麒麟と大きく描かれ、小さく淡麗とあるでしょ」と石井は指摘する。淡麗が躍進しているため、パイオニアであるサントリーは差別化する商品投入を迫られていたのだ。

ビール研究所の磯江晃に、石井が話を持ち込むと、「ドライ系発泡酒は既に開発している」との答えが返ってきた。前述したが、三年前にスーパーホップスをつくったときに、もうひとつ開発していたのが発酵度を高くしたドライ系発泡酒だった。そして、石井を中心にビール事業部挙げて、ドライ系を六月までに市場投入する方針が決定する。

「ワンチャンスは必ずあります。その一瞬にサントリーの全てを賭けましょう」

石井は深井常務・事業部長をはじめ、営業部門など、関係する部局全体に訴えた。深井らも、石井に応えて六月までは既存のスーパーホップスを展開しながら、ドライ系投入と同時に迅速に主力を切り替えていくよう準備を指示する。ブラッシュアップしたドライ系発泡酒が研究所で出来上がったのは三月下旬。事業部門での評判は高く、すぐに佐治信忠に石井はプレゼンする。

信忠は「これでいってみよか」と、商品を認めた。新商品発売準備も並行しながら進めていくなか、最後の難関である佐治敬三会長へのプレゼンに石井は臨む。

佐治敬三は発泡酒をコップに注ぐと香りを嗅いで、ひと口飲んだ。

短い沈黙が過ぎると、石井の眼をジッと見つめて言った。

「これ、売れんですわ」

石井は、血の気が引いていくのを覚えた。思考回路は停止し、真っ白な世界に引き込まれていく自分がいた。一ラウンドのゴングが鳴り、終始パンチを打ち続け、ほぼ勝利を手中にしていたファイターが、最終ラウンドにたった一本のアッパーカットを食らいリングに膝から沈んでいく光景に似た状況だった。決定打を食らったボクサーが、再度立ち上がるのは〝立つ〟という人間がもって生まれた本能によるのかも知れない。ビジネスマンの場合なら、仕事をやり遂げるという、勤労者なら誰もが基本的にはもっている一種の〝執念〟が支えになるのだろう。ボクシング同様、ビジネスは勝たなければ意味はない。

引いていた血を逆流させながら、

「もう、このプロジェクトは、やめるわけにはいかないのです」

と、食らいつくが、その後は何をしゃべったのか、石井は正確には覚えていない。一時間だったのか、二時間だったのか、石井は熱を込めて佐治敬三に語り続けた。

マーケデータや味覚の分析値などは一切なし。ただ一点、「やらせてくれ」を繰り返し、その度に「アカン」が返ってきた。最高実力者と一社員という立場を超え、男と男の壮絶なバトルである。

佐治敬三は、商品をついに認めなかったが、石井の気迫を認めて最後に言った。

「ほな、やってみなはれ」

一九六三年のビール参入以来、佐治敬三は一貫して先頭に立ってビール事業を指揮してきた。だが、この石井に対して発した「やってみなはれ」が、ビール・発泡酒事業に関しての最後の「やってみなはれ」となった。

九九年一一月三日、佐治敬三は八〇歳で急逝する。石井のプレゼンを受けたのと同時期の四月。サントリー創業一〇〇周年の式典で「これからはあなたたちの時代や。しっかりたのんまっせ」と社員にメッセージを送ったのが、表舞台に登場した最後だった。サントリーのビール事業の生みの親であり、水割りやボトルキープといった新しい飲み方を提案し、洋酒を我が国に広めた人物として、また、サントリーホール建設など幅広い文化活動でも知られた佐治敬三。社員へのメッセージの思いから、本当は、石井との最後のバトルを、佐治は楽しんでいたのかも知れない。あるいは、渾身の力を込めて若い石井を鍛えたかったのだろうか。

こうして商品化された「マグナムドライ」は、九九年六月一〇日に発売される。年末までに一三〇二万一〇〇〇箱を販売し、サントリーは九八年の八・六%から九九年は九・二%へと、シェアを上げる。

本業に遠いものはうまくいかない

それにしても、サントリーとは「失敗の多い会社」(佐治信忠)である。

代表的な失敗は、一九六三年のメキシコへのウイスキー工場(サントリー・デ・メヒコ)進出だろう。巨大市場のアメリカにウイスキーを売り込もうと、メキシコに蒸留所を建設したのだ。当時二五歳だった折田一(その後常務・現在は顧問)は、駐在する四人のうちの一人として赴任したが、六一年に社長に就任していた佐治敬三から、「二度と日本の土を踏むな」と、檄を飛ばされて羽田を発った。

「いまの若い人なら会社を辞めちゃうでしょうけど、我々にとっては日本のウイスキーを世界に広めるための一大プロジェクトであり、グローバル化は当時からの至上命題でした」と折田は当時を振り返る。

実は、サントリーはホンダやソニーが設立されるずっと以前の一九三一年に、満州や東南アジアにウイスキーを輸出し、さらに一九三四年には禁酒法が廃止されたばかりのアメリカにもウイスキーを輸出した実績がある。こうした戦前からの国際化戦略として、戦後メキシコで現地生産に着手したのだが、工場を海抜二〇〇〇メートルを超える高地に建設したことが失敗の原因となった。

ウイスキーはアルコール度数が高い酒だが、通常、五年以上は樽詰めして熟成される。この間樽の中のウイスキーは一部が蒸発していく。蒸発分は〝シェア・オブ・エンジェル（天使の分け前）〟という美しい言葉で表現されるが、メキシコの高地には大酒のみの天使がいた。蒸発量が多すぎて、樽を開けたらウイスキーが予想以上に消えていたのだ。

メキシコ工場では現在、リキュールの「ミドリ」を生産している。ミドリは「メロンボール」や「失楽園」といったカクテルに使用されるリキュールとして有名だ。

「何で、親父はあんなことをやったのか。僕だったら絶対にやらない」と佐治信忠は笑う。もともと、事前の現地調査もせずに「やってみなはれ」の精神だけで進出したことに問題はあった。このほかにも、バブル期に米国大リーグの2A球団を買収したものの失敗、さらにかつては石油掘削までも手を広げたことさえあるというから、「やってみなはれ」、恐るべしである。

しかし、メキシコの失敗は八〇年代に入り、本格化する海外事業に生かされる。強引な工場進出は控え、M＆A（企業の合併・買収）により海外事業を推進。失敗もあった反面、多くの成功を生む。

しかも、「それぞれの会社の経営において、サントリーの経営システムやカルチャーを押しつけることは一切しません。一〇〇％子会社であっても、サントリーは側面支援をするだけで、オペレーションは現地の人が中心。現地の企業として成長するのを、一〇年から一五年のレンジで見ています」と折田。ボルドー・メドック地区の名門ワイナリー、シャトーラグランジュは、スペイン人オーナーからサントリーが八三年に買収した。荒れていたブドウ畑の整備から初めて、九〇年までにはワイン生産量を七割アップさせ、ボルドーのワイン仲介業者の評価と取引価格を上げている。世界でもっとも保守的と呼ばれる地域で、サントリー流M＆Aにより成功させた例である。

「本業に遠いものは、うまくはいかないものです」と折田は話す。

「オールド」依存体質から総合食品企業へ

一方、その成功に対してもサントリーは自己否定を断行し続ける。

八〇年代前半まで、サントリーはウイスキーの、特に「オールド」だけで稼ぐ、典型的な一商品依存体質にあった。

佐治信忠によると、「かつてのウチは、いまのアサヒビールのような構造にあったのですが、ひとつの商品だけが強いということは、市場の変化が起きると総崩れになり、良好な事業構造とはほど遠い。そこで、いろんなことを始めていくのです」。

サントリーが目指した事業構造の変革は、「脱アルコール」だった。欧米では、先進国になるほど、健康志向が高まり、ハードリカーは敬遠され、低アルコール、ノンアルコールに人気が集まる傾向が二〇年前からあった。そこで、主力のウイスキーの依存度を減少させ、ミネラルウオーターをはじめ、清涼飲料や缶チューハイ、レストラン事業など、未知の分野に力を入れていく。とりわけ八〇年代後半からの一〇年で、サントリーは事業構造改革に成功し、総合酒類、総合食品企業となるが、これは日本企業では珍しい例である。

発泡酒を商品化した北川は、佐治信忠へのプレゼンの際に、「『弱いなあ』、『ありきたりやなあ』などと言われたら、見込みはありません。『変なものつくりやがって』なら、行けます」と話していたが、石井によれば、「マーケデータなどを信用しないのも特徴でしょう」と言う。もちろん、新商品以外の業務改革などのプレゼンでも同様だ。

では、社員が持ち込むプレゼンでの、佐治の判断基準はどこにあるのか。

「気です。起案者のエネルギー、情熱が感じられれば、僕のテイストでなくともよろしい。単純なんです。また、データなどを信じてはいけない。大掛かりな消費者調査がヒットにつながったというのは、後からつけたストーリーでしかない。データばかりでは社員は凝り固まってしまい、新しいものが出ない。メーカーは世の中にないものを出さなければ価値はないのですよ。

データばかり集めて説明するのは官僚的やと僕は思う。役人じゃないんだ、自由にやらないと、個人も組織も変わることができなくなるのです。頭で考えるのでなく、体で感じろと言いたい。大切なのは個人の感性。最近は、社員はみな遅くまで残業しているけど、これでいい発想が生まれるとは思えない。無論、僕の責任ではあるのだけれど、机上ばかりでなく、コンサートに出掛けたり、映画を見なければ、感性は磨けないのです。六時になったら、会社の電気を消そうかと本気で思ってます」

新しいものを出そうとするから変身、改革も可能なのだろう。その代わり、どうしても失敗は多くなる。ホームランを狙うから、空振りが増えるのは当然だ。が、「一度も思い切った空振りもしないで、定年まで働いて、人間は楽しいでしょうか」と佐治は言う。

サントリーのビール・発泡酒事業は六三年以来、生ビールや発泡酒など、現在の市場のスタンダードを生み出した。だが、事業そのものはずっと赤字である。

サントリーはゼロから一を生む会社であり、一を一〇にするのを得意とする会社とは求める価値が異なる。次の場外ホーマーを目指し、サントリーはいまも大いなる空振りを繰り返している。

ついに発泡酒市場に四社そろい踏み

入社三年目社員が立ち上げたプロジェクト

「いまこそアサヒは、発泡酒を出すべきです」

前年にビールでシェア首位をキリンから奪取した九九年夏、アサヒビール茨城工場（守谷市）に隣接する酒類研究所では、入社三年目で発泡酒開発を担当していた山下博司が、会長の瀬戸雄三を前に手を挙げて発言した。この日の夜には本社に知人を招き隅田川花火大会を楽しむ予定になっていた瀬戸が、午前中ひょっこりと研究所を訪ねて、開発段階の製品を試飲した後だった。

「このなかで、何か言いたいことがある者がいれば、忌憚なく言ってくれ」

瀬戸は呼びかけた。が、上級管理職から若手まで三〇人以上いたものの、発言する者はいない。そんななか、山下が手を挙げて発言したのは、試飲したビールで少し酔っていたのに加えて、サントリーが二カ月前に「ドライを一四五円で飲める」とのキャッチで発売したマグナムドライがヒットしていて、鬱積が積もっていたためでもある。

瀬戸は山下に視線を送ると、「スーパードライはまだ伸びる余地がある」といった内容のことを話し出したが、山下は「言っちゃった」という気持ちで一杯になり、瀬戸が何を語ったのか正確には記憶にない。だが、山下には勝算があった。瀬戸が試飲した試作品には山下の手による発泡酒があり、それを瀬戸がおいしそうに飲んだからだ。発泡酒だとは知らせずに飲んでもらったのだが、「あれは発泡酒です」と明かすと、瀬戸は「へぇー、発泡酒がこんなによくなったの」と言ってくれた。

発泡酒が発売された当初、「ビールのまがい物」などと発言した瀬戸でも、「いいものをつくれば、きっと認めてもらえる」との思いが山下にはあった。東大農学部で植物の遺伝子を研究し、入社した山下は、半年間だけ醸造技術の研究に従事。その後は新商品開発チームの一員となる。研究開発者にとって、自分の研究が具体的な商品になるのは何よりの喜びだ。薄葉のように大ヒット作を世に送れば、多くの人に飲んでもらえる。だが、巡り合わせから、自らの研究成果が世に出ないまま、黙々と基礎研究に従事して定年を迎える研究者もいる。

山下が発泡酒担当になったのは九八年九月。「入社二年目の自分を担当にするくらいだから、アサヒには発泡酒への意欲がない」と素直に感じた。九九年に入ると、営業実績があり秘書の経験も持つ倉地俊典がマーケ部サイドの発泡酒担当となる。倉地は「俺はビールの新商品をつくって、大勢の人に喜んでもらいたいんだ。そのためにアサヒに入ったんだぜ」と、自らの夢を披露したが、最後に山下に釘を刺した。

「だがな山下。アサヒは発泡酒は出さん。なぜなら、スーパードライを食っちまうからだ。スーパードライはアサヒの生命線なんだからな」

山下は暗い気持ちになる。

「自分が担当する開発研究が商品にならない。何を目標にして仕事をすればいいのだろう。他社はみな発泡酒を伸ばしているのに」

だが、チャンスとは必ず一回は訪れるものである。チャンスがやってくるための条件とは、どんな状況でも諦めずに、かつ腐らず自分の仕事を継続することだろう。九九年七月、副原料に大麦エキスを入れて試作したところ、雑味がないスッキリした味の発泡酒ができた。大麦エキスとは、大麦の成分を抽出した液状のもの。イギリスでは健康飲料として飲まれたり、パンやクッキーの材料としても広く使われている。発酵段階から、「これはいける」と確信していた山下は、出来上がった試作品を上司や同僚、さらには工場の従業員にも飲んでもらった。すると、「これ、発泡酒なの。クリアーだよ」などと評判はよかった。

気をよくした山下は、パートナーの倉地にも飲んでもらう。「うまいじゃん、これ。いけるよ、山下。いこうよ」と、その気になってくれた。あえて、会長の瀬戸に試飲させたのも、味についての自信を山下がもっていたからである。

大麦エキスの発泡酒試作を契機に、一〇月になると山下の発泡酒プロジェクトは山下一人から三人に増員される。

発泡酒増税反対に三社社長が結束

アサヒでついに発泡酒プロジェクトが本格化したほぼ一月前に当たる九九年九月一〇日午前八時。キリンビール社長の佐藤安弘は、高崎市倉賀野にある高崎工場にいた。二五〇人の社員を前に、翌二〇〇〇年八月末で同工場を閉鎖すると説明していた。すでに閉鎖を決めていた広島など三工場に追加する形で六五年操業の高崎も閉鎖を決めたのだが、いずれの工場も昭和三〇年代からのキリン飛躍の原動力となった工場だった。

この日の午後には東京商工会議所で記者会見を行い、中期経営計画と併せて高崎工場閉鎖も発表する。ちなみに、九七年に発表された中期計画は九八年から二〇〇〇年を対象としていて、この日に発表されたもの（つまりは九九年発表版）は九七年版に基づいた、二〇〇五年に向けた内容。さらに、翌二〇〇〇年秋には九九年版を具体化させるアクションプログラムが発表された。

佐藤は半分冗談で、「キリンの社員は、こういうもの（中期計画などの企画・計画書）をつくるが得意なんだよ。みんな上手いよ。問題は実現できるかどうかなのだがね」などと語る。ライバル社には「ビールをつくるのより、企画書作成のサービス事業をした方がキリンは儲かるかも知れない」などと揶揄する向きもあるほどだ。

それはともかく、九九年版中期計画には、キリンが事実上、総合酒類メーカーとして動き出すことが盛り込まれていた。つまり、ビール・発泡酒だけに偏るのではなく、ウイスキー、清涼飲料など総合的に酒類を展開して市場ニーズに応えていこうというものだ（「総合酒類事業への移行」という具体的な文言は二〇〇〇年版で初めて使われている）。

発表から一年が経過した二〇〇〇年八月末。高崎工場の閉所式を終えた佐藤は高崎駅から上越新幹線に乗り込んだ。車窓を流れる関東平野の光景をぼんやりと見ながら、佐藤は決心する。

「これだけのリストラをやったのだから、自分だけ社長の地位にとどまるわけにはいかない。もう職を辞そう」

二〇〇一年三月、三期目の途中ながら、佐藤は会長となり、医薬事業出身の荒蒔康一郎に社長のバトンを渡す。荒蒔は東大農学部を卒業して六四年に入社。後継指名の理由を佐藤は「明るく優しい人柄であり、何より荒蒔は逆境に強い人物だから」と説明する。また、佐藤はいま、工場再編成については次のように語る。

「もし、四工場の閉鎖が遅れていたなら、二〇〇一年度はおそらく赤字に転落していたでしょう」

少子高齢化が進むなかで、ビール・発泡酒の総需要は横這いか、よくても微増。しかも、競争は激化している。

サッポロビールもこの頃、トップが交代した。九八年秋から九州工場、名古屋工場などの閉鎖、さらに従業員一〇〇〇人の削減といったリストラに踏み切っていたが、九九年一一月、枝元に代わり営業や物流の経験をもつ岩間辰志が常務から社長に就く。

さて、話はアサヒの発泡酒プロジェクトのその後に戻る。社内の抵抗はもちろんアサヒでも強かったのである。

「まだ伸びているスーパードライを落とす恐れがある発泡酒などとんでもない。ラガーの生化とは違うだろう」

「アサヒはビールメーカーだ。他の三社とは違う」

孤立する山下を守り、倉地とともに社内の説得に奔走したのが商品開発部長の島元三雄だった。島元は山下を連れてイギリスに飛び、大麦エキスメーカーに供給を打診する。相手は社長がテーブルについた。日本の大手であるアサヒへの製品供給は、その会社にとって、将来の命運がかかる一大事業だったのだ。

「ツゥー・ビ・フレンドリィ・ウイズ・ユウ」と、島元は握手を交わした。実は、この時点では発泡酒参入の決定はまだなされてはいなかった。だが、二人にもう迷いはなかった。具体的な契約こそしなかったが、アサヒが本気であることを社長の前で強調し、供給体制を充実するよう依頼して帰国したのだ。

山下は、発酵を促進する海洋深層水の採用も決め、アサヒ初の発泡酒はブラッシュアップを重ねて二〇〇〇年夏に開発が終わる。この段階で、山下の手を離れるが、社内には反対勢力もいて、本当に発売できるのか微妙な状況が続いていた。一応は七月に役員会が山下の発泡酒を試飲して参入は決まってはいた。が、依然、予断を許さなかった。さらに、山下を苦しめたのが、発泡酒増税の動きだった。財務省（当時は大蔵省）が、発泡酒のビール並み課税に向けて動き出していたのだ。山下は「自分では、やれるだけのことはやった。もう、いいだろう」と、運を天に任せていた。

一〇月一三日、アサヒビール本社で開かれた、全国の事業場長やグループ企業社長が参加するグループ経営計画会議の場で、ついにアサヒの発泡酒参入が最終決定された。四日後の一〇月一七日には、総合酒類化を柱とするグループ中期計画とともに、発泡酒参入を対外的にも発表。さらに、一二月一九日には、発泡酒「本生」として、二〇〇一年二月二一日に発売すると記者発表した。

この当時社長だった福地茂雄はいう。

「仮に増税されても、アサヒは発泡酒に出るつもりでした。それだけ、意志は固かった」

このとき浮上した増税案は二〇〇〇年末までに回避された。キリンの佐藤が中心となり、サッポロ岩間、サントリー鳥井と、三社の社長が「増税反対」を訴える記者会見を開くなど、日頃は激しく衝突しあっている業界が結束して消費者の支持を得たのが大きかった。

これでやっと、山下や倉地の前に道が開けたのである。倉地はこの頃、多忙を極めていた。「赤い嵐作戦」と銘打ったキャンペーンの準備、さらには事前のテレビ広告から発売後の各種広告の準備などに追われていたためだ。

二〇〇一年二月上旬。守谷市の茨城工場の生産ラインから、初回出荷分が流れ出てきた。そのうちの一缶を、山下は取り出して大切に懐にしまう。一カ月後には挙式を控えていた。本生発売のため準備はみなフィアンセ任せだった。「済まなかったけど、ようやくできたよ」と、ラインを眺めながら山下は呟いていた。よほど嬉しかったのだろう、挙式当日は本生で一同乾杯したという。

アサヒがサントリーの土俵に上がってきた

「いよいよ出撃だ」。二〇〇一年二月一九日未明。社長の福地は守谷の工場で腕時計を見ていた。凛とした外気に触れ、福地は緊張すると同時に、身が引き締まる思いを抱く。暁が大地を染め始めた時間、一台の大型トラックのセルモーターが廻され、数秒の後にエンジンが掛かり、続いてヘッドライトが点灯される。これを合図に、次々に大型トラックがエンジン音を響かせていく。夜明け前の静寂を切り裂くように、煌々とライトをつけたトラックが一台また一台と動き出し、正門を出て全国へと走り出す。本生が初めて工場を出た瞬間である。ドライバーの中には、見送る福地に向かって手を振る者もいた。福地は笑顔を彼らに返した。

「売れてくれ。頼む」

福地は祈った。

アサヒは、二〇〇〇年一二月期決算（連結）で、税引き後利益が一五七億円の赤字となった。四日後には、その決算発表に福地は臨まなければならなかった。「最悪の八五年でさえ黒字だったのに、アサヒ創業以来初めて私は赤字を出した。この時が一番辛かった」といまは振り返るが、赤字計上は財務リストラの仕上げによるものだ。

すでに述べたが、アサヒには樋口時代の負の遺産から、九二年末には一兆四一一〇億円もの連結ベースの有利子負債が残っていた。この年の連結売上高は九四九〇億円だから、売り上げの一・五倍もの金融債務となる。さらに、バブル期に財テクの失敗から九二年末には二七四〇億円もの特定金銭信託残高（特金）があり、処理を迫られていた。

瀬戸は、「売り上げの拡大と効率化」との方針を掲げて、借金返済に挑んだのだが、その結果九九年末には特金はゼロとなる。さらに、赤字計上の翌年の二〇〇一年末には、連結売上高を一兆四三三四億円に伸ばし、連結ベースの有利子負債を四一七一億円に減らした。瀬戸は「九年間で借金を一兆円減らした」と胸を張るが、そんな財務立て直しの最終局面で、ついにアサヒは発泡酒に参入したのである。

瀬戸は本生について、「ビールのまがい物ではなく、発泡酒として完成度の高い商品を出した」と話し、福地は「本当はそろそろ景気が浮揚するという読みをもっていたのですが、景気低迷が長引き、発泡酒のシェアが上がっていった。そこで、満を持してアサヒとしても参入したのです」と言う。

結果、本生はアサヒの予想以上に売れた。はじめから品薄状態となったほどだ。

サントリー・ビール事業部長の相場康則は、「本生好調」を伝える新聞報道を読みながら、これまでのライバル社の参入の時とは違った感想を持った。

「アサヒは、発泡酒を出したことでサントリーの土俵に上がってきた。何より、スーパードライが落ちているのは大きい。スーパードライの固定ファンが流動化しているのだから。本生登場は、将来的に我々にとっての大きなチャンスとなるはずだ。アサヒもキリンも総合酒類を目指すとしているが、そもそも総合酒類自体が、ウチの土俵だ」

とはいえ、サントリーは二〇〇〇年に初めてビール・発泡酒シェア一〇％を確保したのもつかの間、アサヒの本生のヒットから、二〇〇一年には再び九％台へと後退してしまう。

二〇〇一年三月には、サントリーは一一年ぶりに社長が交代した。社長の鳥井信一郎が会長に退き（二〇〇二年には相談役）、副社長だった佐治信忠が社長に就いた。この時点で、佐治は名実ともにサントリーの顔となる。

業界首位でもスーパードライは落ち込む

二一世紀に突入した二〇〇一年は、年初から熾烈な販売合戦がアサヒとキリンの間で繰り広げられた。九八年にはビール市場でトップに立ったアサヒだが、発泡酒を合わせたビール・発泡酒総市場でもキリンを追いつめていった。

六月下旬、アサヒの専務であり酒類事業本部長の池田弘一は、会長の瀬戸と社長の福地にある打診を行う。

「キリンが、相当数の〝押し込み〟をしています。このままでは六月までの上期出荷で、向こうが上になるかも知れません。この上期、トップをとりましょうか」

すると、二人の首脳は同じことを言った。

「年末でいいだろう。無理をすることはない」

七月一一日に発表された上半期（一～六月）の出荷数量（課税ベース）は、キリンが前年同期比〇・一％マイナスの一億二二七万三〇〇〇箱。アサヒは同九・四％増の一億二〇三万二〇〇〇箱。わずか二四万箱の差、シェアに直すと〇・一％の差でキリンが、首の皮一枚で首位を死守した。

もっとも八月に発表された上半期の販売量では、キリンが〇・八％減の九九〇二万九〇〇〇箱に対し、アサヒは一〇％増の一億二九万六〇〇〇箱とキリンを抜いた。ちなみに、販売量は、ビールを工場から出荷して卸売業者に販売した数量を指し、売上高に計上される。これに対して出荷量とは工場を出るときに課税される数量で、シェアの指標として使われていることは前に述べた。なお、販売ベースでのスーパードライは七・九％マイナスの七九九五万箱。発泡酒の本生は一八〇五万箱と、年内までの目標だった一五〇〇万箱を六月の時点で大きく上回っていた。

二〇〇一年も秋になると、前年に続き、財務省と与党税調との間で再び、発泡酒の増税気運が高まった。一二月には、アサヒの福地も加わり、キリン会長の佐藤、サッポロの岩間、サントリーの佐治が、サッポロ本社がある恵比寿ガーデンプレイスで揃いのハッピを着て、増税反対の署名活動を行った。この結果、消費者の支持を得て二年続けて増税を回避した。

「発泡酒の税制を考える会」（会員はオリオンを含めた五社）会長であるキリン会長の佐藤は、「発泡酒はコーンが主原料の新しいカテゴリーの酒なのです。これを、ビールと同種同等と捉えるのはおかしい。国のルールに基づいて、我々は新しい酒をつくった。なのに、ゲームが始まったらルールを変えるというのでは、メーカーは新しいジャンルをつくれなくなる」と、いまでも主張する。なお、同会がインターネットを使い二〇〇一年末に実施した消費者アンケートでは、増税で価格がビール並みになった場合、九四％が発泡酒の消費を減らし、三九％は缶チューハイなどの税率の低い酒に切り替えると回答している。このため、「発泡酒増税は、逆に酒税の減収につながる」と佐藤は訴える。

この発泡酒増税反対のキャンペーンでは、実は水面下でスッタモンダがあった。〝アサヒ対キリン〟という積年の対立によるもので、両社が互いに不信感を抱いていたためだ。建設業界のような談合が一切ないガチンコの競争を繰り広げているビール業界だけに、呉越同舟に漕ぎつくまで、サッポロの岡俊明専務（当時は常務）、サントリーの田中保徳広域営業本部長、キリンの森日出雄企画部長の三人が、アサヒを参加させるための調整に走ったのだ。四四年生まれの岡を筆頭に、三人はみな五〇代。数年前から、会社を横断して税制についての勉強会を重ねていた関係だった。

二〇〇〇年には「発泡酒協議会」（会長は佐藤）という組織で団結したキリン、サッポロ、サントリーの三社に、アサヒが出してきた条件は「協議会の解体と新組織の発足」だった。これを三社は受け入れて、一致団結するにはギリギリのタイミングともいえる一〇月九日、「発泡酒の税制を考える会」を新たに設立した。佐藤は佐治に、「発泡酒のパイオニアなのだからぜひ会長に」と要請するが、佐治は「自分は社長なので一〇〇%打ち込めない」と固辞されて、キリン会長職の佐藤が新組織でもリーダーとなっていた。

「考える会」初会合の当日、サッポロ・岡、サントリー・田中、キリン・森の三人はアサヒからの出席者を待っていた。

「俺達と同じ部長級じゃないか？　ひょっとすると、岡さんのような役員クラスが来るのかも知れないよ」

「いずれにせよ誰が出てくるかで、アサヒのやる気が窺えるな」

「アサヒが外れたら、足並みが揃ってないのを、世間に晒す形となり、消費者の支持を得るのは難しくなるのは確かだ」

などと、話し合っていると、現れたのは、社長の福地だった。

「アサヒは本気だ。すぐに佐藤さんにお通しして」

増税阻止という共通のテーマで、アサヒとキリンが一時的に握手を交わした瞬間だった。

二〇〇一年のビール商戦の結果が明らかになったのは二〇〇二年一月一六日。ビール・発泡酒の総出荷量（課税ベース）は、前年比〇・三％増の五億六二三九万箱（一箱は大瓶二〇本）で三年ぶりに増加した。本生のヒットから発泡酒は四二・二％伸びて、一億七六〇八万箱に（逆にビールは一一・六％のマイナス）。全体に占める発泡酒の割合は、九・二％あがって三一・三％と初めて三割を超えた。

そして何よりシェアは、アサヒが三八・七％とキリンを二・九ポイント抑えて、〝初めて〟ビール・発泡酒全体でトップに立った。キリンに勝ったのは一九五三年以来四八年ぶりである。アサヒの出荷量は九・四％増の二億一七七三万箱。キリンは六・六％減の二億一一八万八〇〇〇箱にとどまった。

アサヒの本生は目標の一五〇〇万箱に対し三九七九万箱売れた。逆にスーパードライをコアとするビールは販売ベースで一〇・二％落とした。スーパードライが発売以来前年を下回ったのは、樋口時代の九一年に戦略商品のアサヒ「Z」を出した一度だけである（前年比一一％減）。

倉地は「スーパードライの落ち込みは、予想の範囲」と話し、福地は「社長在任中で一番よかったのは、トータルでキリンを抜いて首位に立ったこと」と語る。

こうして、スーパードライが発売されて一五年が経過した二〇〇一年、ついに業界の首位が交代したのである。

二〇〇二年一月一五日、アサヒは社長の福地が会長となり、専務の池田弘一が社長に昇格、瀬戸は取締役相談役に退いた。九二年から事実上アサヒを引っ張ってきた瀬戸は「アサヒにはこれからもう一段の飛躍が必要だから。池田君は卸に出向経験があるなど苦労をしている。だからタフに戦える」と社長交代の背景を説明する。九州大学経済学部を卒業し、一九六三年に入社した池田は、三〇代後半の七八年三月から二年半、成田市の問屋に出向していた。千葉営業所長に着任してすぐの出向に反発し、一時は退社も考えたという。

瀬戸といい、池田といい、アサヒは出処進退に直面した人間がなぜか社長となる会社だ。

第7章　海の向こうで戦いが始まる

二一世紀に入り、ビール各社の戦いは、ビール・発泡酒のみならず、清涼飲料や缶チューハイなどの低アルコール飲料、ワイン、ウイスキーもトータルに含めた総合化に軸足を移してきた。ビール・発泡酒の戦いは中国に飛び火し、中身を変えて続いている。酒類産業は、世界的な再編が進んでいるため、とりわけ巨大市場である中国での戦いは、日本のビール会社の今後を左右していく。

サントリーの苦節一〇年

安い大衆品に絞り、上海でシェアトップ

中国・上海。古いものと新しいものとが混在しながら、急速な発展を続けているアジア経済の中心都市である。人口は一三〇〇万人とも一四〇〇万人とも言われるが、本当のところはよく分からない。天にも届くほどの摩天楼が林立する一方、古い団地や住居がひし

めき合う。

フランスのカルフールのような外資系ＧＭＳ（総合スーパー）をはじめ、地元の食品スーパーや、ローソンなどのコンビニのほか、一坪からせいぜい一〇坪ほどの小さな店が街のいたるところにひしめき合う。小さな店は青果店だったり、雑貨やたばこ、清涼飲料を置いている店だったり、酒店だったりと、扱い品目は多様だが、ほとんどの店はみなビールを販売している。

上海の大型店から、スーパー、コンビニ、さらに無数にあるこうした通称〝パパママストア〟にまで共通して置いてあるビールがある。そのビールのブランドは「三得利啤酒」。つまり、サントリーのビールである。

市内西部の住宅団地の入り口にあるパパママストアで話を聞くと、「三得利はよく売れている。味がすっきりしているのと、日本の会社だから信頼感があるためじゃないか」と、四〇代に見える無精髭の店主が愛想良く答えてくれた。店の脇には、大瓶二〇本が入った青いプラスチックのビールケースが積まれている。ケースには「三得利啤酒　ＳＵＮＴＯＲＹ」と印刷されている。日光に当たる場所にビールを置くのは、品質の劣化を招くのだが、日本ほど頓着はしない様子だ。

社長の佐治信忠は、「日本のビール事業は未だに赤字ですが、中国は黒字です。上海ではトップシェアですから」と胸を張る。九〇年代以降、中国の改革開放政策や円高から、日本企業は相次いで中国に進出するが、大半はうまくいっていないのが実状だ。短期的な収益よりも、中国市場の将来性をにらんで、先行投資と位置づけている企業が多いためといえよう。

サントリーの上海でのビール事業は、九六年七月から生産・販売を開始した。九八年には単年度黒字となり、二〇〇〇年には累損を一掃した。二〇〇一年には、近隣の昆山市に建設した第二工場が稼働したが、それでも供給が追いつかず、二〇〇二年末までには昆山の生産能力を倍増する予定。ちなみに、サントリーの上海プロジェクトへの投資額は、二〇〇二年六月までで約一〇〇億円である。

「上海では九六年にゼロから始まって、二〇〇一年のシェアは四二%でトップ。よくぞここまでできたと感じます」

昆山工場の社長を務める羽岡利治は、感慨深そうに話す。羽岡は京都ビール工場技師長などを務めた後、昆山工場立ち上げに伴い赴任した。ちなみに、上海市内にある第一工場の社長は、前出の発泡酒の生みの親である中谷が二〇〇二年四月から着任している。

上海など中国のビール市場は、さながらサッカー・ワールドカップの様相を呈している。世界中の大手ビールメーカーが参戦しているためだが、これに中国の地元ビールメーカーが加わる。

アサヒビールの販売会社、朝日啤酒（上海）産品服務有限公司で董事管理部長を務める池田秀一は、中国のビール事情を次のように説明する。

「中国のビール市場は二〇〇〇年で七％増の二二〇〇万キロリットル。早晩アメリカを抜き世界最大のマーケットになるのは間違いありません。経済成長から人々の所得が増え、冷蔵庫が普及してビール市場は拡大しているのです。この成長性を見込んで、九〇年代から外資が相次いで参入しました。一方、競争に晒された中国のビール会社は、かつては八〇〇社を超えていましたが、合従連衡が進み四〇〇社程度になりました」

中国経済は地方別だったため、各地に地場のビール会社が林立したが、中国政府は九七年以降、国策大手ビール会社（一〇社）を優遇しながら、中小ビール会社の統廃合を推進した。このため再編が進んだのである。外国資本は五〇社程度が進出しているが、こうした地場企業との合弁や合作の形態で生産を行っている。二〇〇一年末の中国のWTO加盟から競争に拍車が掛かり、大きな再編は現在も続いている状況だ。九九年にはオーストラリアのフォスターズが中国から撤退したが、外資撤退も加速されていくだろう。

一方、ビールはアメリカ市場と同じで、価格により三層に分かれる。五元（一元は約一六円）から六元のプレミアム、二元台後半から三元台前半の大衆品、一元台の低価格品という構成だ。「ただし、オープン価格に近い」と、かつて名古屋にいた大槻幸人・朝日啤酒（上海）産品服務有限公司流通企画部長は実態を明かす。

中国のなかでも上海のビール市場は年間四五万キロリットル（三五五五万箱＝一箱は大

瓶二〇本入り）の規模（二〇〇一年）を有する。一人当たりの年間消費量は、三五リットルと全国平均の一七リットルを大きく上回っている（ちなみに日本は五六リットル）。このうち、バドワイザーや日系企業など外資系が展開するプレミアムは一〇％の割合で、大衆品が六〇％、低価格品が三〇％という構成だ。

サントリーは二〇〇一年に上海とその周辺で二二万キロリットルを販売。このうち上海市内に限定すると約二〇万キロリットルを販売して、シェアは四割を超えトップ。プレミアムも一部生産しているが、構成比がもっとも高い大衆分野で七割のシェアをもっていて、大消費地の上海に特化し、さらにボリュームゾーンの大衆品にターゲットを置いた戦略である。「三得利」は、日本で販売しているモルツなどとはまったく違う、軽い味わいでアルコール度数が三度前後と低いビール。上海で扱うビールはすべて「三得利　SUNTORY」と、ラベルに会社名を打ち出している。

「サントリーは、最初から大衆商品で入ってきたのが成功した原因。日本でのブランドをプレミアムとして中国で展開しようというこだわりが、上海ではなかった」と、キリンから出向している珠海麒麟統一啤酒有限公司上海分公司の大島健人・総経理は説明する。実際、売り場面積が小さい小規模店のほとんどは大衆品と低価格品しか売っていない。外資系の大衆品ではサントリーのほか、ハイネケン系の「REEB」（BEERを反対から表記した、何とも言えないネーミング。中国名では「力波」があり、一部は冷蔵庫に入れ、店によっては〝冷やし代〟を取っている。

サントリーの上海代表部中国代表であり、第一工場や第二工場（昆山）などの現地持ち株会社「三得利（中国）投資有限公司」社長（董事・総経理）を務める岡田芳和は、現在のサントリーの成功について、「筆舌に尽くしがたいことです」と、しみじみと語る。

実は、サントリーがここまで来るのには、苦節一〇年に及ぶ中国での壮絶な戦いがあった。

日本人の常識が通用しない世界

サントリーが合弁事業により、中国で最初にビールの生産・販売を始めたのは一九八四年一一月に遡る。上海から約四五〇キロメートル北に位置する人口三五六万人の黄河沿いにある港町、連雲港市が舞台だった。

きっかけは、八一年に始まる北京国際マラソンへのサントリーの協賛だった。八三年の第三回大会の際、佐治敬三が、当時の王震国家副主席に中国でビール事業を展開する意思を伝えた。この時の会談によって、連雲港でのプロジェクトが、王副主席の肝入りで始まった。中国は七八年に改革解放政策で国を開いた。が、東西冷戦終結以前であり、かつてのメキシコ工場同様に調査をしたわけではなく、始まりは人間関係にあった。サントリーにとって中国での現地生産は初めてならば、中国にとってもビールでの外資合弁は初めてだった。

こうして、連雲港市やいわゆる郷鎮《ごうちん》企業が経営していたビール工場に、サントリーが五〇%出資して「江蘇三得利食品有限公司」が誕生した。上海のようにサントリーブランドではなく、「花果山」というビールの生産販売に乗り出したが、岡田によると「日々何が起こるのか分からない苦労をした」という。

既に定年退職している石川伝がサントリーの代表として乗り込むが、「石川さんは『グチャグチャの腐ったビール工場』だったと漏らしてました。従業員は土足で歩き、掃除はしない、手を洗いましょうと呼びかけても、応じてくれなかったのです」。生産活動以前の問題として、食品工場では当たり前の衛生管理の指導から始めなければならなかったのだ。

だが、当時の合弁企業は全会一致が原則。パートナーと合意しないと、新しいことはできず、それだけサントリーの自由度は制約されていた。しかも、解雇はできないため、従業員のモラールは最低で、「いいものをつくろう」などという意識すらなかったという。

終業後、サントリーのスタッフが従業員を酒場に誘い、日本流〝飲みニケーション〟で、彼らの心をほぐして本音を聞こうと画策したこともあった。しかし、翌日には合弁相手の幹部が、飲み会に参加した従業員と一人ひとり面談して、「日本人がどんな話をしたのか」「誰がどんな発言をしたのか」とチェックする始末。石川をはじめ、日本人スタッフが一〇人程度派遣されていたが、想像を絶するカルチャーギャップと従業員のやる気のなさに、みな一様に困惑した。

「現地企業を側面支援するだけで、現地の人が中心となり現地の企業として成長させる」といったサントリー流以前の話である。

日本企業のなかでは自由な社風のサントリーだが、そのなかでも豪放磊落な人材を選んでは連雲港に送り込んだ。それでも胃に穴をあけてしまった人もいたというから、よほど日本人の常識が通用しない世界だったといえよう。

さらに、別の大きな問題にも直面する。中国の安い労働力を使い、日本や欧米、アジアに中国製品を輸出する家電などと異なり、ビールは中国でつくったら中国で売らなければならない(将来的には、低価格への対応から、中国でつくったビールを日本市場に輸出することも考えられる)。つまり、ビール事業とは、構造的に外貨が入ってこないのである。グチャグチャの工場を改修・整備するため、サントリーは外貨を借りて設備投資を行った。だが、九〇年代のはじめまで外貨交換ができず、返済に窮してしまう。

外貨を稼ぐ必要に迫られたサントリーは、アワビやエビの養殖といった未経験のビジネスまで行った。ここまで来ると、ビール会社の仕事とは思えないが、仕方のないことだった。借金を返しながら、生産体制を徐々に整備していき、一方で、中国経済も開放されていく。

この連雲港のビール事業が単年度黒字になるのは九二年。累損を一掃するのは九四年のことである。一〇年に及ぶ〝泥沼〟だったが、日本規格である麦芽六七％以上のビールを生産し続け、二〇〇一年には連雲港でのシェアが八割に達した。

大黒柱は二人の中国人社員

この連雲港での苦難の時代から大消費地の上海での成功まで、一貫してサントリーの中国ビジネスを支えた二人の男がいた。二人とも入社後、中国から日本に帰化した社員である。一人は、持ち株会社である「三得利（中国）投資有限公司」副総経理の亞聖繁。もう一人は、上海のビール販社、「三得利（上海）市場服務」董事・総経理の東山元輔である。

亞聖は山東省出身の父親とソウル出身の母親をもつ韓国系華僑である。「三得利」というネーミング、さらに、日本で販売している「サントリー烏龍茶」のパッケージの漢文は亞聖が考案したものだ。

中国の農業の将来性に着目して日本に留学した亞聖は、明治大学農学部で農業経済を学び八〇年に卒業、サントリーには最初は嘱託社員として入る。

「本当は日本企業への就職など、考えてもいなかったのですよ」と亞聖は笑う。大学四年時に、級友がみな就職活動を始めたのに触発されたのが、就職するきっかけだった。最初は、「中国語を生かすことができる」という理由で、友人とともに総合商社に会社訪問する。ところが、人事担当者が亞聖の履歴書を一瞥すると、思わぬ返事が返ってきた。

「あなたは外国人ですね。当社は外国人を雇用しません。あなたの能力や人柄ではなく、あなたが外国人であるということが問題なのです。帰ってください」

面接はおろか門前払いを食らってしまった。亞聖はショックを受けるが、巨大なビルディングの前で、友人の面接が終わるのを待ちながら考えた。

「日本という国は、そもそもがものづくりの国である。なのに、安易に商社などを応募した自分の判断が間違いだった」

そこで、農業とも関係が深い食品メーカーのサントリーを受けたのだが、総合商社とは異なり、「外国人」ということは一切問題にされなかった。それどころか、「中国語と韓国語ができるの、すごいね」などと、面白いオジサン達とのかけ合い漫才のような面接を重ね、ついには外国人として初めての内定を獲得する。

しかし、法務省からは〝待った〟がかかった。外国人が日本人と同じ処遇で、日本企業で働くことが認められていなかったためだ。

サントリー人事部が、役所と折衝するが認められずに亞聖は嘱託となる。このとき、人事担当者として動いたのが、現在、亞聖のボスである岡田だった。亞聖はその後、労働ビザの更新が手間だったため、日本に帰化するが、この時も岡田が人事部で担当してくれた。

一方の東山は上海出身。農業に従事した後、八〇年から日本に私費留学した。京都大学経済学部を首席で卒業して、八六年にサントリーに入社した。東山は「京大の教授から、食品会社はつぶれることはないから、と勧められてサントリーを選びました。外国人だからという優遇も差別もないところが、サントリーのいいところでしょう」と話す。

上海プロジェクトが始動したのは九五年からである。連雲港市は軌道に乗ったものの、市場規模が小さいため、大消費地に進出しなければ、事業は限定的なもので終わってしまう。サントリーは北京、上海、広東などの候補地の中から、経済発展が顕著で勤労者の平均所得が高く、周辺地域を含めれば人口が三〇〇〇万人に達する上海にターゲットを決めていく。

東山によると、「連雲港で辛酸を味わっただけに、何も怖くはなかった」。また、アサヒが中国沿海地域全体をターゲットにしているのとは異なり、サントリーは上海の一点突破を目指した戦略を組んだ。

「連雲港での経験から、中国とはひとつのマーケットではなく、地域により市場特性が違うことが分かっていたからです。都市が違えば同じ手法が通用しない。中国とは巨大な連邦国家のようなものなのです」と兒島弘明・三得利（中国）投資有限公司経営企画部長は話す。

そして、連雲港の初代リーダーから京都ビール工場長に異動していた石川が、上海でも再び起用されることになった。石川は当初、「あんな苦労は二度としたくない」と固辞するが、国際部門のトップだった折田一から説得されて立ち上がった。サントリーは、連雲港での反省から、国営は避けて合弁先を民族系に絞り一〇工場をリストアップ。このなかから、市内の古い工場を第一工場に決めていく。

連雲港の工場とは違い、相手はサイレントパートナーだった。配当は受ける。しかし、経営への口出しはしない。サントリーは事実上、自由に経営ができることになった。当初は工場を更地にして、最新工場をゼロから建設する案も浮上した。しかし、「建設には二年かかる。その時間が無駄」との石川の判断により、設備をリニューアルする作戦を採用。これにより、九五年一二月に合弁会社を設立して、九六年七月には三得利「白」「金」を発売していく（ちなみに、昆山の第二工場も当初リストアップしたうちの一つだったが、こちらは更地にして最新工場をゼロから建設した）。

それでも、最初のビールは上海市場では受け入れられなかった。連雲港と同じ麦芽六七％以上の、中国では重い味わいの日本規格のビールだったうえ、プレミアムの価格帯だったからだ。石川はすぐに、消費者調査を実施した。その結果、上海では「淡色系で、軽くて、低アルコール」なビールの人気が高いことが分かり、「白」「金」発売から八カ月後の九七年二月、現在の爽快な味でアルコール度数が三度程度のビールを、大衆品の価格帯で投入していく。新製品ビールの開発は、ビール研究所の中谷が日本市場で展開するビールや発泡酒の開発と並行しながら担当した。

商品のプロモーションでも、思い切った手を打つ。テレビCMを使ったのは言うに及ばず、上海ではおそらく前例のない飛行船広告を打ったのだ。矢継ぎ早の、大きな賭けの連続に、亞聖は判断に窮し悩むこともあった。当然、本社サイドとの、ギリギリの調整が求められたが、そんなとき、決まって岡田の自宅に夜、電話を入れた。日本と中国の時差は一時間。

亞聖が仕事を終えて自宅に戻り、一一時に電話を入れると、岡田は一二時に受ける羽目になる。「あなた、亞聖さんから電話よ」と、既に就寝していた岡田が夫人に起こされることもしばしばだった。

この頃、岡田は亞聖と同じ国際部にいたが、担当は中国以外のアジアになっていた。直接のラインではない。が、二人は亞聖の入社以来の関係だ。眠っていた頭が亞聖と話をしているうちに覚醒していき、一時間もたつと冴えきってしまう。

パソコンが苦手な亞聖は深夜コールの翌日、岡田のアドバイスを元に手書きの企画案を東京の岡田によくファックスで入れた。企画案は、ときにはA４判で七枚分、びっしりと書かれていたこともある。岡田はこれを一部修正しながらパソコンで打ち直して、メールで亞聖に送った。人事部の経験から岡田は社内の人脈に詳しい。誰に送るのかまで指示を添え、最後には「このままの文書で提出せよ」で結んでいた。

「新聞社ならば、亞聖が記者で、私はデスクでした。基本的に中身は変えませんでした。もっとも、まさか私が上海に来るとは、思いもよらなかったのですが」と笑う岡田が上海のトップとして赴任したのは二〇〇一年一一月のことである。

亞聖は「岡田さんの援助があったから、変更や思い切ったこともできたのです」と当時の心境を明かす。

「頑張れば儲かる」仕組みに流通を簡素化

上海での事業開始において、流通では従来にない新しい仕組みも導入した。

上海では日本の特約店に当たる一次問屋は国営企業ばかりだったため、サントリーでは民族系の従来の二次問屋を一次問屋に昇格させ、流通を簡素化させたのだ。しかも、これらの問屋には厳密なテリトリーを設定し、地域での独占権を与えた。それまでの二次問屋は従業員規模が一〇人からせいぜい三〇人の中小企業ばかりだった。国営の一次問屋から商品が廻り、小売や飲食店に流していたが、マージン率は低かったのである。

現在、上海地域でサントリーが取り引きする問屋数は約一三〇社（このうち市内の問屋が六七社）。サントリーはこの一三〇社を対象に経営セミナーを実施したり、販売管理のコンピュータシステム配布なども行い、経営近代化を支援している。

ただし、問屋との取引は、間違いなく回収できる前払い制としている。上海には、前払いという商慣行そのものがなかったが、敢えて導入した。また、サントリー専売とし、さらに小売への押し込み販売をはじめ、賄賂など不正な取引が発覚した場合は、契約を打ち切るといった厳格なルールを設定した。

この仕組みを考えたのは東山だった。東山は、「問屋は頑張って量を売れば、それだけ儲かるのです。いままでのしがらみは一切なし。テリトリー内なら自由に商売できるのです」と語る。

市内の南西部でサントリーを扱う問屋、「上海龍川商業批發部」は、九六年以前はそれまでのトップブランドだったREEBを扱っていた。総経理（社長）の董偉民は言う。

「サントリーの手法は、エリア指定したのが成功した。こんなやり方は初めてだが、価格やセールスマンの管理がやりやすい」

四六歳の董は農業に従事していたが、九一年に酒問屋を起業。ハイネケン系のREEBを扱っていた頃は、年間取り扱い量は七万、八万箱（一箱は日本と同じ大瓶二〇本）だった。それがいまでは三〇万箱に急増している。このため、九六年の従業員数は三〇人弱だったが、二〇〇二年には三つの会社に分けて、合計で一〇〇人を超える上海でも大手の問屋に急成長している。

「まさか、短期間に四倍近い三〇万箱なんて予想しなかった。信じられないことさ。新規参入したサントリーがたくさん売れて、ウチも大きくなれたんだ。さすがに日本の会社だ」と董は自分の会社のことながら目を丸くする。サントリーとREEBの違いについては次のように語ってくれた。

「REEBは夏場に欠品したときも、若い主任がやってきて偉そうな態度なんだ。私は社長で、彼は主任なのに、まるで彼は社長のように振る舞う。欠品はメーカーの責任なのにだよ。でも、サントリーは違う。副社長がきて、私に丁寧に謝ってくれる。やってやろうと思うじゃないか」

また、サントリーが開くセミナーでは、在庫や鮮度管理、販売予測などの販売管理システムの使い方ばかりでなく、小売を訪問する際の注意点、セールスマンの管理手法など、現地の問屋にとってはすぐに役立つ内容も含まれている。

上海龍川商業批發部の廊下には、営業マンの成績が棒グラフで示され、個人別の販売目標値、行動予定表などが掲げられているほか、タイムカードもある。これらはサントリーから学んで導入したものである。営業マンに対しては、売り上げの多寡により、賃金が変わる実力型を同社は採用している。欧米的な成果主義である。

隣接する倉庫には、自転車にリヤカーを引いた営業マンが、ひっきりなしに出入りしている。客先にビールを届け、空き瓶を回収してくるのだが、夏場は朝八時から夜九時まで、みな働いているという。ちなみに、サントリーは九九年から中国では初めて、日本と同じ破瓶の危険性が低い高耐圧瓶を導入した（日本では二〇〇一年で缶の構成が六割を超えるが、上海など中国ではまだ瓶が九割だ）。

董によれば上海には五万軒の小売店があり、「すべての店で三得利を売っている」という。董の三社では、合計で一五〇〇社と取引があるそうだ。「会社が成長しているから、入社希望者は多いが、辞めていく社員はいない。他人よりも稼ごうと、みんな一生懸命だ。成長環境のもと、私も社員も、働けるというのは人間として何より有り難いことだ」。

サントリーの中国ビジネスは、上海の二工場とビールの販社（一〇〇％出資）、連雲港工場、ウーロン茶などの飲料の製造・販売会社（三得利梅林食品有限公司）があり、持ち株会社がその五社を統括している。グループ全体の従業員規模は約二〇〇〇人。

最近、外資系金融機関で働いている転職希望者がやってきた。面接をしたビール販社社長の東山が、

「いまのような高い給料はサントリーでは出せない。なのに、なぜ当社を希望するのか」

と質したところ、意外な答えが返ってきた。

「確かにいまの賃金は高い。しかし、いまの職場では中国人の自分は、課長が限界で、高いポジションには就けない。私は自分の能力、可能性に賭けてみたいんだ。サントリーなら、中国人でも実力次第で権限を与えてくれる。現に、あなたは社長じゃないか」

連雲港工場の副社長にも、東山の部下だった現地採用の中国人が最近抜擢されている。

「賃金は、現地採用と日本の本社採用では違いはあります。しかし、処遇は実力主義。高いポジションにつけば賃金も高くなる。年次、男女、外国人、あるいは現地採用といった属性で分けていたら、強い個人は育たない。強い個人が会社を強くさせるのです。できる人、やりたい人が、誰であろうと平等に手を挙げられるのがサントリーの良さです。グローバルな大競争時代を迎え、できる人を引き上げなければ、生き残れません」

人事部経験の長い岡田はこう狙いを説明した。

世界市場で生き残るには、まず中国を攻めろ

アサヒは沿海部五社で展開

中国といえば、元来は儒教の国であり、儒教文化の長男が中国、次男が韓国、三男が日本などとよく言われる。儒教的な大家族主義の精神は、日本の場合は年次管理をはじめ、年功序列、終身雇用と、日本的な経営のバックボーンでもある。韓国でも、体面重視のビジネススタイルはやはり儒教が基盤にある。

だが、アサヒビールの池田秀一によれば、「中国では、儒教文化は戦後の共産主義により完全に崩壊しました。経済が開放されてから、上海のような大都市の人は、むしろアメリカ型実力主義を標榜しています」と分析する。池田は東大教育学部を卒業して、七七年にアサヒに入社。人事労務畑の経験が長く、九八年から深圳青島啤酒朝日有限公司に出向した後、二〇〇〇年から上海の販社に管理部長で勤務している。

そのアサヒが中国進出を開始したのは九四年からだ。オーストラリアのフォスターズを海外戦略の主軸に据えていた樋口に代わり、九二年に社長になっていた瀬戸の主導で、アサヒの中国ビジネスは切り開かれていった。

瀬戸は言う。

「サントリーは宣伝が上手だから、上海イコール中国のようにおっしゃる。でも、アサヒは（沿海部の）五社で展開してます。アサヒは日本国内で圧倒的なシェアを取る一方、再編が進んでいる世界市場のなかでも五年以内に上位五位から七位を目指しています。でないと、生き残れないからです。

そのためには、まずはアジアのリーディングカンパニーにならなければならない。韓国、ASEAN、そして何と言っても中国です。世界戦略として、アサヒは中国でビール事業を拡大させていく。地域に特化したサントリーとは方法は違うし、違っていいんじゃないでしょうか」

アサヒは伊藤忠商事などとともに、中国最大手の青島ビールと、九七年に合弁会社の深圳青島啤酒朝日有限公司を設立した（出資比率は、アサヒ二九％、青島五一％など）。すでに最新設備の新工場が九九年に稼働を始めており、「生のスーパードライも生産している。生ビールをつくれる工場は中国では珍しい」と、朝日啤酒（上海）産品服務有限公司の大澤正彦総経理は胸を張る。操業三年目の二〇〇一年には黒字化して、配当を受けているという。

また、九四年から九五年にかけて、北京、煙台、杭州、泉州の地場ビール会社にも出資。中身は、伊藤忠との持ち株会社二社（いずれも、出資比率はアサヒ六〇％、伊藤忠四〇％）が、地場会社に五三〜五五％を出資する形態だ。このうち、生産性が思わしくないうえ、北京市場に強力なライバルが存在する北京の会社が全体の足を引っ張っているという。北京が片づけば、一、二年で中国トータルとしてブレークイーブンにもっていけると大澤はみる。二〇〇一年のアサヒが出資している五社トータルの出荷量は五二万三〇〇〇キロリットルにも及ぶ。

ただし、アサヒの五二万キロリットルのうち、アサヒブランド（プレミアムのスーパードライと大衆価格帯のアサヒビール）で展開しているのは一万キロリットルだけ。残りの五一万キロリットルは地場のブランドであり、大衆品と低価格品である。瀬戸は、スーパードライを展開する以前に、各企業を強くするため、地場ブランドの展開を優先しているためだと説明する。

これに対して、サントリーは、上海二工場の二二万キロリットルはすべて三得利ブランドとして販売している。現在は昆山や蘇州、無錫など上海の周辺エリアへの販売も強化しており、上海から、揚子江沿いに南京を目指す販売戦略だという。二〇〇二年末には三五万キロリットル、近い将来は四〇万キロリットルまで生産体制を引き上げる方針だ。また、連雲港工場では八万キロリットルを生産しているが、こちらは現地ブランドで販売している。

海外三社とのネットワークで戦うキリン

では、両社のライバルであるキリンは中国ビジネスをどう展開しているのだろう。

キリンは九六年一二月、台湾の大手食品会社である統一企業社と、合弁会社「珠海麒麟統一啤酒」(キリン六〇%、統一四〇%)を設立、中国では珍しい形態の外資一〇〇%のメーカーだという。同社の生産拠点は、かつて広東省の珠海市などがもっていたビール工場。これまでその工場でつくっていた「海珠」ブランドに加えて、一番搾りの生産も始めている。

さらに、九八年にはオーストラリアの大手、ライオネイサン(LN)に四六%出資。二〇〇二年からLNのオーストラリア工場だけではなく、中国の蘇州と無錫の工場でも生産を始めていく予定だ。この地域はサントリーが勢力を伸ばそうとしている地域でもあり、両社の激突は避けられない。

ほかにも、二〇〇二年三月に株式の約一五%を取得したフィリピンの最大手、サンミゲルがもつ中国の三工場で、生産を計画中である(サンミゲルはベトナムやシンガポールにも工場を持つ)。

キリン社長の荒蒔康一郎は、「伸びているアジア地域。とりわけ、中国において、三社のネットワークを使い布石を打っていく。このネットワークを基盤にこれから伸ばしていきたい。キリンはキリンブランドを浸透させるのではなく、ネットワークを通じビールビジネスそのものを拡大させていく戦略です」と説明する。

上海にいる大島は中国市場をこう見る。

「これまで中国でやってきて分かったことは、一番搾りなどの価格の高いプレミアムゾーンはビジネスとして難しいということです。上海のそこそこの所得があるサラリーマンは、週に一度はレストランで一番搾りを飲んでくれますが、家では三得利やREEBを飲んでいるのです。

特に上海は、人のつながりの強い北京と異なり、新しいものをすぐに受け入れる。サントリーは圧倒的首位だったREEBを、たった三年で追い抜いた。逆に言えば、キリンがいつでも逆転できるのです。ここでは、日本のスーパードライのような現象が日常的に起きているのですから」

荒蒔は「サントリーの上海ビジネスは確かに成功事例。でも、中国市場を制覇したわけではありません。サントリーと謳っているが、日本とは違う味です。また、アサヒは沿海の五カ所で展開してますが、まだまだじゃないですか。瀬戸さんはご自身でおやりになったから、放り出すわけにもいかないのでしょう」と、ライバル社について手厳しい。

荒蒔の評価に対して瀬戸はこう反論する。

「キリンの中国ビジネスはいわば投資ですね。豊富なキャッシュフローを背景に、LNやサンミゲルに投資して、これらの会社が中国やアジアで伸びることで、連結ベースでの収益を狙っているということでしょう。それはそれでいいんじゃないですか。中国でビールビジネスを事業として進めるアサヒとは、明らかに違います」

連結での収益を追うという点に関してキリンは否定はしない、その上で「中国は魅力的なマーケットですが、反面、経済効果を出すのは本当に難しい市場」というのが荒蒔の考えだ。

中国を熟知しているサントリーの亞聖は、こんなことを言っている。

「鄧小平はかつて、外資を利用すると語っています。台湾も韓国も、外資の『誘致』なのに、中国は『利用』なのです。『利用』の意味をどう捉えるのか、ここが中国ビジネスで成功できるかどうかの分水嶺です」

終章　ドライ戦争から一五年、そして

二〇〇二年春のある金曜日の午後八時、キリン営業部門が入る東京・中央区新川のビルは、どのフロアーも電気がついたままだった。

「部長、すみません。サントリーに負けました。ビールはいいけれど、どうしても洋酒がダメだからだと……」

キリンビール広域販売推進第2部課長代理の柳父潤子は、客からの断りの電話を置くと、同第2部長の真柳亮に報告した。

「そんなこともあるよ。今回は少し出遅れたな。サントリーは、洋酒からカクテルまでをパッケージしたすごい提案だったしなあ」

「でも、部長、月曜日までには取り返してきます。今頃、サントリーの担当者は祝杯をあげているでしょうけど、こんなときは狙い目です。サントリーもアサヒも土日は動いてきませんから。四八時間あれば、必ず逆転できます」

かつて、キリンの飲食店事業である大皿料理店「DOMA」の店長を務めた経験をもつ真柳が指揮する広域販売推進第2部とは、別名〝特殊部隊〟とキリンの社内外では呼ばれている。大手居酒屋チェーン、ホテル、老舗飲食店、FC店、野球場をはじめとするレジャー施設など、大口の料飲店を専門に攻略する部隊だ。社内から精鋭だけを集め、飛び込みから始めて新規出店チェーン、既存の大型店が扱っている他社のビールをキリンへとリプレースするのが仕事である。勤務時間などの縛りはなく、上からの干渉も受けない〝アンタッチャブル〟なチームである。

開拓専門の2部に対し、2部が奪取した得意先を守る1部もある。つまりオフェンスとディフェンスに分かれているのだが、2部の一〇人に対し1部は二〇人の陣容だ。

第1部担当部長の池田宏は八七年入社、岡山や東京、さらにはスーパーやディスカウントストアなどの量販店をこれまで担当してきた。「ビール専門のときはアサヒだけをマークしてましたが、大手飲食店を担当するいまは総合力が本当に求められています。飲食店のメニューには、ビールばかりでなくワインにカクテル、日本酒などたくさん書いてあるでしょう」。早大で同好会ながらラグビーをしていた池田は、日曜日には地元さいたま市のグラウンドで、子供達にラグビーを教えている。

月曜の朝、柳父はボスの真柳に言った。

「ひっくり返してきました。ウチのものです。お客さんが働いている土日に、自分が休んでしまうような営業に、負けるわけにはいきません」

柳父は土曜日の午後、相手の専務にアポ無しで会った。その心意気と新たに用意した提案が買われて逆転に成功したのだそうだ。柳父より入社年次が一つ上の第2部課長代理の大谷知己はこう語る。

「量販はブランドが大切ですが、料飲店はブランドは関係ありません。営業の力で入れられます。ただ、いま問題になっているのは、現金を含めた協賛合戦といった営業がまかり通ってきている点です。キリンの提示よりも一桁多い金額を料飲チェーンに提示するライバル社もいるようです。しかも、自社の営業の働きが悪いためか、ブローカーが間に入っていたりと、現場は乱れています。でも、こんなときは、逆に正々堂々とやったものが勝てると思う」

大谷は大手ホテルチェーンなどを相次ぎ攻略した特殊部隊のエースである。

新入社員時代、酒販店主から塩をまかれた経験をもつ柳父はこんなことを言う。

「街の酒販店や飲食店、業務用酒販店に営業していたときは、人間関係が大切だと感じてました。いまは、なかには上場しているような大きな会社にも営業してますが、基本は同じです。提案する企画の中身、条件、そして人間関係の部分があって、そうしたもののバランスが大切でしょう。

アサヒの営業ですか？　はっきり言って怖くない。私と同じような九〇年以降に入社した人は、（スーパードライの）商品力で売ってきたから、本当の営業を知らないんです。

若手でも、できる人とできない人があれほど分かれる会社はない。かつてのキリンの営業と似ているようにも思う。だから競合するとラッキーです。八七年以前に入社した人は強敵ですが、最近は私でも勝てるようになりました。前は全然かなわなかったけど。何しろ私達は、落ち目になってから、キリンを売ってきたのですから。

逆にサントリーは怖い。店舗周りやメニューの提案など、企画をサポートする組織があるから強いんです。飲食店が求めているのは、商品やその納入条件だけではなく、営業マンがもつ情報やノウハウも含まれる。酒類を総合的にもっているサントリーは商品ラインとノウハウが豊富で、どうしてもやられてしまう。だから、営業力でカバーするケースが多いです。

もっとも、ビールだけなら絶対負けません」

淡麗開発に加わり、二〇〇一年にはプロジェクトのリーダーとして缶チューハイ「氷結」を開発してヒットさせた和田もこう付け加える。

「キリンは総合酒類事業を選択した時点で、ライバルはアサヒではなくサントリーになっていた。清涼飲料から、ウイスキーまで、次々に新製品を展開してくる開発力は脅威です。でも、強い相手がいるから、僕らも強くなれる。いずれ、サントリーのスーパーチューハイを氷結は抜きます。

一方、ビールはスーパードライ、発泡酒は本生とジャンル別に強力な商品を絞って展開するアサヒは、その商品がこけたら怖くはない。二〇〇一年の缶チューハイ『ゴリッチュ』などはアサヒ型戦略の失敗事例です」

キリン会長の佐藤はこう指摘する。

「総合酒類という言葉は、アサヒよりもキリンが先に言ったのです。総合酒類を志向するキリンにとっては、サントリーに学ぶべき点は多く、ライバルはサントリーになります。ビールだけならアサヒでしょうけど」

キリン・ドラフトマスターズ・スクール講師を務めた経験をもつ松本克彦は、現在は大阪支社販売促進部の担当部長だ。松本は二〇〇二年になってから名刺に自分の携帯電話と自宅の電話番号を印刷した。「(飲食店など)お客様本位で考えれば、当然のこと。休日でも私に連絡が取れますから」と松本は話すが、個人の電話番号入り名刺の実現は、実は簡単ではなかった。会社からはなかなか許可が下りなかったのだ。松本が会社を説得して「前例としない」という条件付きで、ようやく認められたのである。

社長の荒蒔は、「判断に迷ったときには、お客様の立場で考えろ。その上で、自分でできることは率先してやれ」と社員に呼びかけている。だが、現実は名刺に電話番号を刷るのでさえ容易ではない。

かつて地獄を見たアサヒは、「変わることはいいこと」とばかり、この一五年を疾走して首位に立った。逆に、圧倒的なシェアを誇っていたキリンは、変わらないことを願いながら戦ってきた。

キリンの本当の敵は、アサヒでもサントリーでもなく、長年自分たちが抱いていた〝強いキリン〟という意識そのものだったともいえよう。とりわけ八六年以前のよき時代を知る社員には、こうした意識をもつ人はいて、キリンの風土や文化を醸成してきた。八〇年代まで世界のなかで勝ってきた日本企業に働く、日本人ビジネスマンの精神風土とある面では似ている。

荒蒔は「かつて（八六年以前）のキリンの強さは、組織の強さでした。部隊で動くと勝つけれど、戦闘機一機で敵地に乗り込むと帰ってくる奴はいなかった。ところが最近は、一騎打ちで勝てる個人が育ってきたのです」と語る。名刺への自身の電話番号印刷ばかりでなく、従来のキリンでは考えられない動きは確かに起きてきた。マーケ部の前田は二〇〇一年春、人事部とはかり商品開発をやりたい人材の社内公募を実施した。

「例えば営業はダメでも、新商品を立案できる人はいる。そもそもこの二つは両立しないセンス」と前田。約五〇人が応募して、論文と面接から四人が採用された（このうちの一人が、ライト系発泡酒「淡麗グリーンラベル」を二〇〇二年春に商品化した）。

二〇〇一年にアサヒの後塵を拝したキリンだが、会社としての敗北とは裏腹に、変革を恐れない強い個人は生まれてきている。変化の時代を迎えているいま、強さの本質とは、変わることができるかどうかにある。会社レベルでは、変われたアサヒは勝ち、変われなかったキリンは負けた。だが、個人のレベルでは、キリンは強くなっていたのかも知れない。八五年当時に最悪だったアサヒにおいて、優秀な営業マンやスーパードライを開発できたミドルが存在したのと、符合する面はある。もっとも、八五年当時のアサヒに比べれば、二位に落ちたとはいえ、いまのキリンは余裕がある会社だ。アサヒのように従来の自分達の秩序を破壊しなければならない必要に迫られているわけでもない。

樋口は会長時代、ボロボロのアサヒが復活できた原因は何かという問いに対して、次のように答えている。

「それは、バネだよ。みんながもっていた悔しさを大きなバネにできたからだ。すべてうまくいく奴なんて一人もいない。誰だって、失敗するし、挫折して、悔しさを味わう。どんなに優秀な人間でも、悔しいだけで終わったら負け犬だ。その悔しさをバネにできるかどうか、そこが分かれ道になる。アサヒの社員のように、一度地獄を味わった人間は、どんなことだってできるものだよ」

この言葉は、ビール産業ばかりでなく、負け続けている日本企業で働くビジネスマン、リストラを受けて失業した人など、多くの日本人に当てはまるだろう。

かつては強かった組織に生きている秩序を超えられる個人が、どれだけ育っているのか、それがキリン浮上のポイントである。よき時代を知らないキリンの若手は言う。

「アサヒをいつでも再逆転できる。ただし前提は、昔ながらのミドルがいなくなること」

会長の佐藤は「私の目から見ても、部下が可哀想だと思えるひどい支店長はいます。彼らは、一度地位を確保すれば身分が脅かされることはなかった。しかし、ダメな幹部は退いてもらうように変えている」と信賞必罰の徹底を示唆する。キリンの内なる改革がどこまで進むかは、これからのビール戦争での大きな要素だろう。

一方、「アサヒの若手は怖くない」とする柳父の指摘に対して、広島で成果を上げて現在はアサヒビール東京南支店の営業担当課長に昇格している平木英夫は反論する。

「アサヒの若い者ができが悪いとは思わない。自分は田舎者だが、東京でもキリンやサントリーに勝っている。確かにキリンの特殊部隊は手強いけれど、そこまで言うなら、数字で示していただきたい」

サッポロビール広域流通営業部課長代理の斎藤富士雄は、ディスカウントストア（DS）を担当している。

「安売りで伸びたDSは、以前ほどの勢いがなくなっています。大手スーパーが、DSに負けないくらいビールや発泡酒の値段を下げているし、コンビニにしても希望小売価格より安く売ってますから。その存在意義がなくなってきているのです」

流通の安売りを支えているのは、メーカーが卸や小売店に「販売奨励金」などの名目で販売数量に応じて支払うリベートがあるため。リベートにより、小売店は値引きができるのだが、二〇〇二年二月にキリンが発売した発泡酒「極生」はこのリベートを廃止して、希望小売価格を当初一〇円値下げした。他の三社も極生に追随して相次いで値下げを断行。二〇〇二年夏場シーズンになると、大手四社は発泡酒の希望小売価格を一四五円から一三五～一二八円に値下げした。もはや消耗戦である。日本は少子高齢化が進んでいるため飲酒人口が伸びず、ビール・発泡酒の市場は今後も横這いか減少が続くが、現状は設備過剰の状態。しかも、二〇〇三年九月には酒類販売免許が原則自由化され、「コンビニはもちろん、雑貨チェーンやドラッグストア、弁当店、さらに街の小さな店でも、ビール・発泡酒を販売していくでしょう。でも、新規参入の店ではたくさんのブランドは置けません。ビール、発泡酒、ワイン、清涼飲料などでせいぜい一つか二つです」(アサヒビール首都圏本部広域流通第一部の鏑木篤夫副部長)。

鏑木の言うとおり、規制緩和でブランドの集中化が進むため、上位二位までのブランドしか店に置かれなくなっていくとすれば、安売りしてでも上位二位までに入る必要に迫られる。

さらに、「ビールで乾杯せずに、いきなりチューハイから飲み始める若者が増えてます」(サントリーの佐治社長)というように、ビールやチューハイ、カクテルといったカテゴリーの垣根も低くなっているのだ。

二〇〇二年上半期（一月〜六月）のビール・発泡酒の総出荷量は、前年同期比で四・六％も減少した。課税ベースの統計となった九二年以降、半期で最大の減少幅となった。内訳はビールが同一三・九％減、逆に安売り合戦の発泡酒は同一五・〇％も増えた。この結果、総出荷量に占める発泡酒の構成比は三八・九％と二〇〇一年（通年）の三一・三％から七・六％も上昇した。

しかし、ワールドカップに沸いた六月だけを見ると、発泡酒は前年同月比〇・五％減と、事実上初めてマイナスに転じた。これは価格競争による量の拡大を目論む各社の戦略の限界を露呈したばかりでなく、上半期の総出荷量大幅減とあわせ、近い将来に起こり得るであろう大規模な再編への導火線とも捉えられる。

シェアはアサヒが二〇〇一年（通年）よりも〇・五％上げて三九・二％、キリンが同じく〇・三％落として三五・六％、サッポロは同〇・九％下げて一四・一％、サントリーは一〇・七％上げて一〇・四％だった。

ビール各社の総合化や海外展開、さらには国内外の合従連衡は、生き残りを賭けた戦略でもある。八七年以来の変化以上の激変が、今後五年の間に業界に起こるのは間違いない。

では、各社のトップは向こう五年先をどう見ているのだろうか。以下は筆者のインタビューに答えたトップの展望である。

アサヒビール社長・池田弘一

アサヒのDNAは、変革であり挑戦。社員には社内の常識を変えろと訴えている。急成長したアサヒは中途採用も多く、最近では協和発酵や旭化成の酒類事業のM&Aから、違う文化の人も仲間になるけれど、変革を目指しているから新しい人が溶け込める風土がある。これは自慢だ。

(スーパードライが発売された)八七年以降に入社した社員は、苦しい時代を知らないから強くないと言われるが、逆にそうしたプレッシャーのなかで頑張ってきたと思う。

酒類市場全体が伸びないなか、消費者ニーズに応える総合酒類事業、さらには中国、アジアへの国際化を進めなければ、アサヒは生き残れない。総合酒類とは単純に品揃えを増やすのではなく、ジャンル別に強いブランドをつくることを指す。また、世界のなかで存在感をもつ会社とすることは中国に出たときからの目標。無論、ベースになるのは国内のビール・発泡酒事業。五年以内には四五%以上、一〇年後には五割のシェアを取る。もっとも、そのときには社名、あるいはグループ名からビールの文字が消えているかも知れない。

キリンは商品開発力があるなど、ポテンシャリティが高い会社だ。ただし、自分たちのスタンダードとお客様のニーズが、これまでずれていたのだと思う。これが凋落の原因だ。スーパードライ発売以降、アサヒが追い上げてきても、キリンが一番搾りを出したり、淡麗を出したりすると、その度に台風が御前崎あたりで遠ざかっていった。ところが、二〇〇一年はついに直撃されてしまった。つまり、トータル市場でアサヒに抜かれたわけだ。キリンの社員は、この事実を認識して受け入れなければならない。

実は九八年ぐらいから、社内では迫力が出てきた。もう、このままじゃダメだという危機感が大きくなったから。ビールは地域に密着した大衆商品だが、あえて工場再編にも踏み切れた。変化できる体質になってきている。

また、キリンが求める社員は、お客様の要求を感じ取れる人。判断に迷ったときには、酒販店、飲食店からみてどっちが魅力的かを基準としてほしい。すでに、個の部分では随分伸びている。勝てる個人は増えてきた。今後は組織として力をつけ、ジャンルの垣根が低くなった市場で総合酒類を展開していく。そんなキリンにとってアサヒは敵ではない。ある部分では競合するが。

サッポロビール社長・岩間辰志

五年後という点では、サッポロは質を追求する会社を目指す。ビールや発泡酒、ワインといった商品の質は当然ながら、社員、そして会社組織の質を向上させていく。質を高めることで、量の拡大につなげていく。また、その上で、エキサイティングで面白い会社にしていくつもりだ。

バブル崩壊にもかかわらず、恵比寿ガーデンプレイスは成功を収めた。今後は、実力主義の人事制度から、年齢や男女に関係なく、できる人を登用していく。もっとも私自身も、社長としての実績を評価される立場にあり、できなければ報酬が下がる仕組みだ。いたずらに総合酒類化といって手を広げる以前に、扱っている商品を深く掘り下げていく方がまずは大切だろう。

サントリー社長・佐治信忠

ビール・発泡酒では四位メーカーであり、赤字なので事業としてはなっていない。シェアが一〇％前後というのも話にならない。最低でも、二五％のシェアを取る必要がある。少子高齢化が進むなか、ビール・発泡酒市場は今後はよくても微増だろう。したがって五年後に、現在の四社体制が継続していることはあり得ないはず。最低でも二位に入っていなければ事業は成立しなくなる。サントリーはこれまで、主に海外でM&Aを数多く展開してきた。その経験から言えば、一プラス一は必ずしも二にはならない。やはり、相手の会社がもつポテンシャリティなどの内容が大切だ。

サントリーは五年以内に国内でM&Aを行使する可能性がある。その場合の対象はキリンビールとなるだろう。必要な資金は、サントリーの上場により賄っていく。

ドライ戦争から一五年。ビール戦争は新しい局面を迎えながら、なおも継続していく。

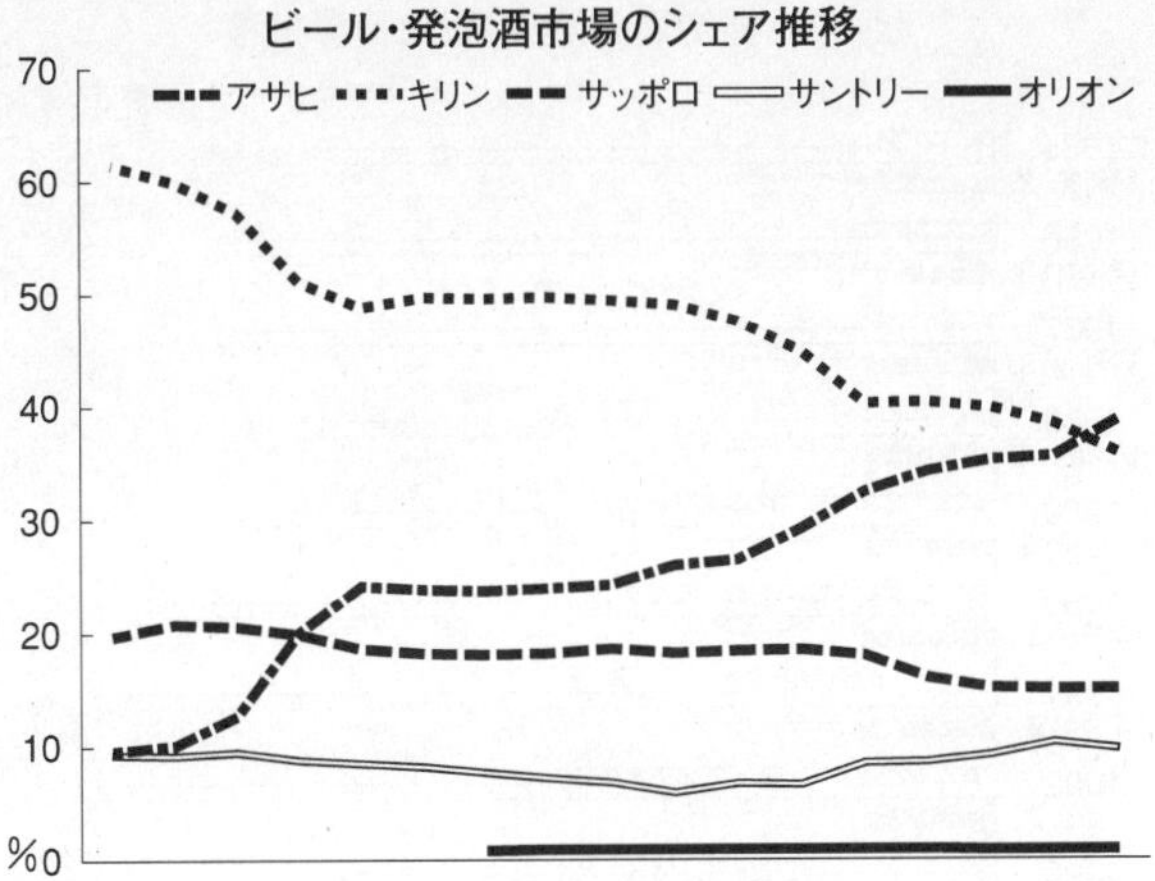
ビール・発泡酒市場のシェア推移
70
60
50
40
30
20
10
%0
アサヒ
キリン
サッポロ
サントリー
オリオン

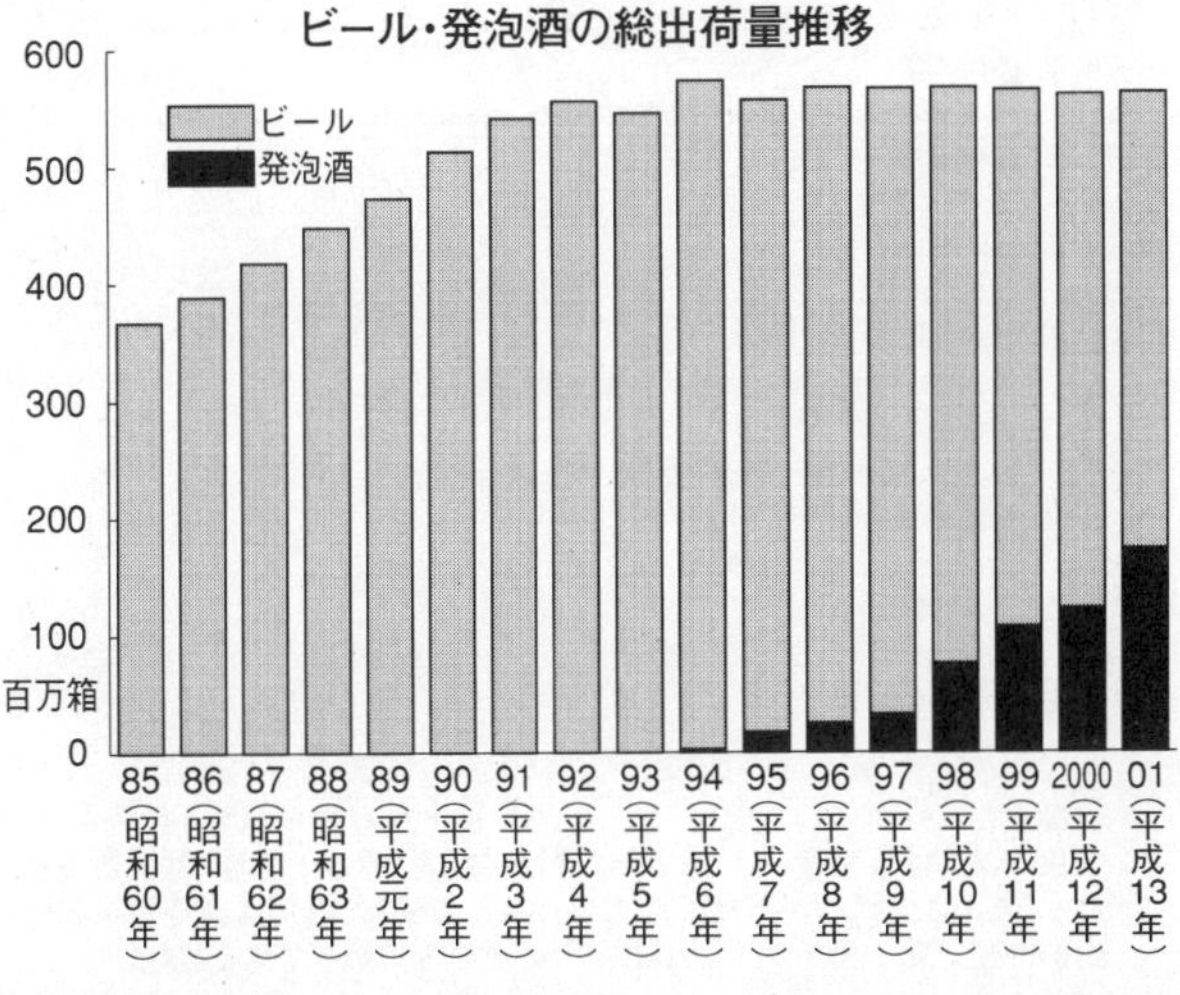
ビール・発泡酒の総出荷量推移
600
500
400
300
200
100
百万箱
0
ビール
発泡酒
85（昭和60年）
86（昭和61年）
87（昭和62年）
88（昭和63年）
89（平成元年）
90（平成2年）
91（平成3年）
92（平成4年）
93（平成5年）
94（平成6年）
95（平成7年）
96（平成8年）
97（平成9年）
98（平成10年）
99（平成11年）
2000（平成12年）
01（平成13年）

ビール・発泡酒の販売量・出荷量推移

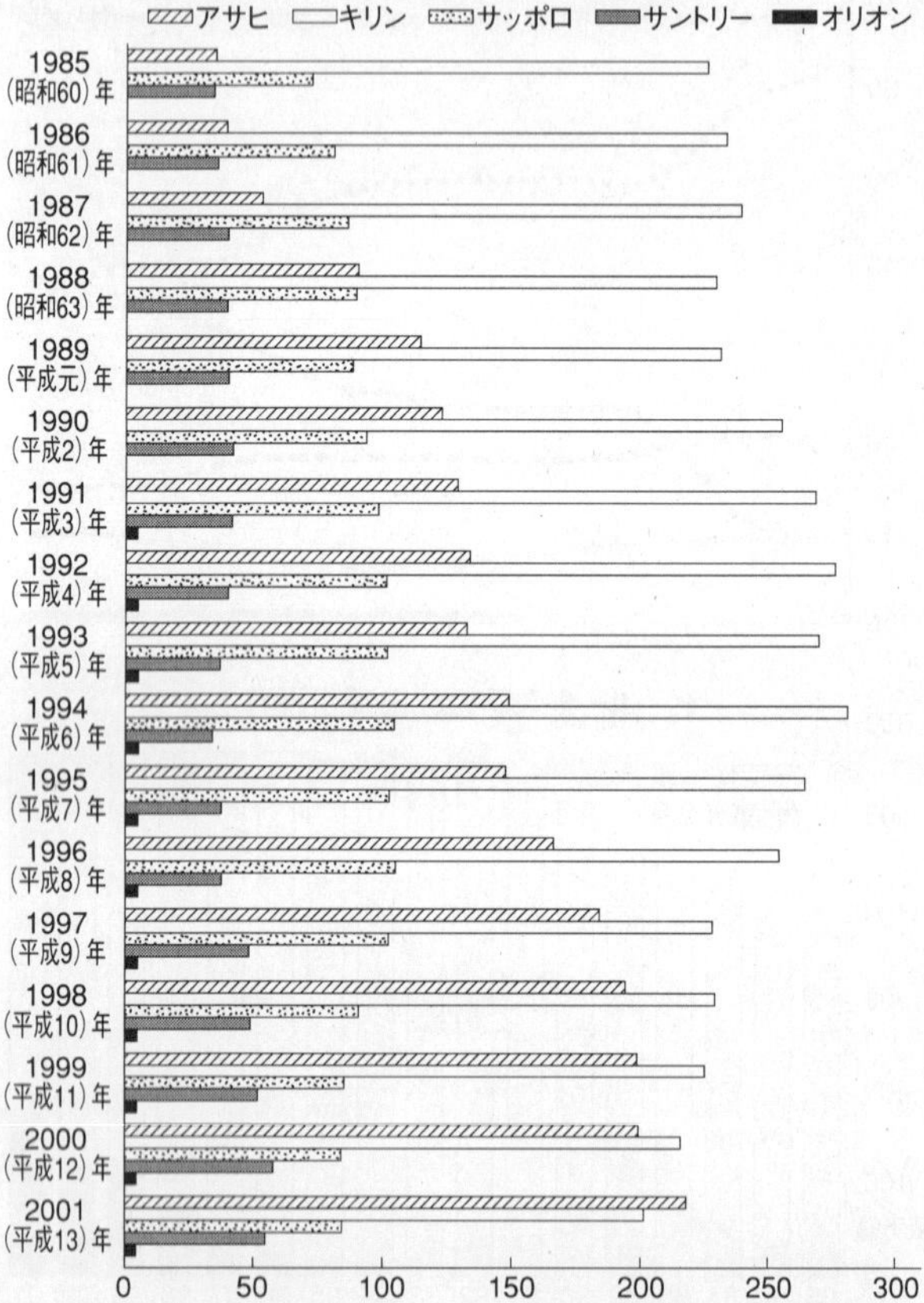

（単位：百万箱、1箱は大瓶20本）

注：1990年までは販売量。91年以降は課税の対象となる出荷量（課税数量となったためオリオン含む5社に）。なお、94年の5社合計値は当時の新聞発表を約20万箱上回るが、これはキリンがその後の調べで修正したため。

サッポロ		サントリー	
製品名	発売月・日	製品名	発売月・日
〈芳醇生〉ブロイ※	10月		
STAR RUBY※	11月		
五穀のめぐみ※	8月	麦の香り※	2.24
2000年記念限定醸造〈生〉	11月	マグナムドライ※	6.10
		鍋の季節の生ビール	10.13
		ミレニアム生ビール	11.25
グランドビア	2月	ガンバレ読売ジャイアンツ	4. 6
冷製辛口〈生〉※	5月	秋生※	8.22
世紀醸造〈生〉	11月	ジャイアンツ優勝缶	9.25
		冬道楽※	10.17
		モルツプレミアム	11.28
2001初詰〈生〉セブン※	1月	モルツスーパープレミアム	4.17
北海道生搾り※	3月	夏のイナズマ※	5.15
夏のキレ生 セブン※	6月	風呂あがり〈生〉※	7. 3
ひきたて焙煎〈生〉※	11月	味わい秋生※	8.21
限定醸造・2001-2002乾杯生※	12月	ダイエット〈生〉※	10. 1
		冬道楽※	11.13
ファインラガー※	1月	マグナムドライ爽快仕込※	2.13
きりっと新・辛口〈生〉※	5月	炭濾過純生※	4月
樽生仕立※	6月	アド〈生〉(ユニクロ)※	6.18
		スーパー〈マグナムドライ〉※	6.25
		アド〈生〉(avex)※	7.23

注：4社の提供資料にもとづく。(　　)は地域限定発売、※は発泡酒

年	アサヒ		キリン	
	製品名	発売月・日	製品名	発売月・日
1998（平成10）				
1999（平成11）	ビアウォーター ファーストレディシルキー 富士山 WiLLスムースビア	1.29 4.10 4. 1 10.22	ラガースペシャルライト ヨーロッパ（第2弾） X′masウィーンビア	1.14 3.25 11.26
2000（平成12）	スーパーモルト WiLLスウィートブラウン	1.14 3.22	オールモルトビール〈素材厳選〉 クリアブリュー※ 21世紀ビール	3.30 5.25 11.15
2001（平成13）	本生※ WiLLビーフリー※	2.21 11.14	KB クラシックラガー 常夏〈生〉※ 白麒麟※	3.14 3.23 6.20 10.17
2002（平成14）			極生※ 淡麗グリーンラベル※ アラスカ〈生〉※	2.27 4.10 5.22

サッポロ		サントリー	
製品名	発売月・日	製品名	発売月・日
味わい工房1994	1月	氷点貯蔵〈生〉	3.23
蔵出し生ビール	3月	ガンバレ読売ジャイアンツ	6. 8
(北陸限定出荷)	5月	GO!GO!読売ジャイアンツ	8. 9
(名古屋仕込み)	5月	(ホップス)※	10.20
(九州づくり)	6月		
(夏づくりーアイス醸造)	7月		
(手摘みホップ)	9月		
(東北限定醸造「麦酒物語」)	1月	ブルー	2. 8
味わい工房1995	1月	(横浜中華街)	4.12
生粋	3月	大相撲生ビール	6.15
ドラフティー※	4月	サーフサイド	6.22
		Jリーグ缶	6.28
		秋が香るビール	9. 7
		鍋の季節の生ビール	10.12
春がきた	1月	春一番生ビール	2. 1
夏の海岸物語	5月	大地と水の恵み	3.12
ドラフティーブラック〈黒生〉※	6月	ガンバレ読売ジャイアンツ	5.17
		スーパーホップス※	5.28
		夕涼み	7. 9
		秋が香るビール	8.27
		Half&Half	10.15
		鍋の季節の生ビール	10.24
スーパースター	9月	春一番	1.16
		ビターズ	3.18
		ガンバレ読売ジャイアンツ	6.17
		秋が香るビール	8.26
		うま辛口	10. 7
(浩養園生ビール)		麦の贅沢	2.10
気分爽快〈生〉	6月	小麦でつくったホワイトビール	4.16
(ガルプ)	6月	ガンバレ読売ジャイアンツ	5.21
五穀まるごと生	8月	深煎り麦酒	8.26
		贅沢熟成	10.14

年	アサヒ		キリン	
	製品名	発売月・日	製品名	発売月・日
1994（平成6）	（博多蔵出し生）	1.26	シャウト	4. 8
	（生一丁）	2.25	（京都1497）	4. 5
	（収穫祭）	9. 3	アイスビール	5月
1995（平成7）	（みちのく淡生）	1.18	春咲き生	2. 2
	（道産の生）	1.24	（ビアっこ生）	3. 7
	ダブル酵母生ビール	2. 9	（九州麦酒のどごし〈生〉）	3.16
	黒生	10.27	（でらうま）	3.28
			（太陽と風のビール）	3.29
			（四国丸飲み〈生〉）	4.12
			（じょんのび）	5.25
			（広島じゃけん〈生〉）	5.25
			ラガーウインタークラブ	11. 9
			（北のきりん）	
1996（平成8）	（赤の生）	1.25	（自由時間のビール）	3. 7
	（四国麦酒きりっと生）	1.31	（なめらか〈生〉）	3.14
	食彩麦酒	2. 8	ビール工場	4. 6
	ファーストレディ	3月	黒ビール	10. 3
			ハーフ&ハーフ	10. 3
1997（平成9）	REDS（レッズ）	2. 6	ビール職人	4.17
			LA2.5	5.15
1998（平成10）	ダンク	4. 1	淡麗〈生〉※	2.25
	（四国工場蔵出し生）	6.26	（神戸ビール）	4.17
			ヨーロッパ	10. 8

サッポロ		サントリー	
製品名	発売月・日	製品名	発売月・日
Next One	4月		
(クラシック)	6月		
ワイツェン	7月		
(クオリティ)	4月	モルツ	
(アワーズ)	5月	カールスバーグ	
ブラック	3月		
エーデルピルス	4月		
ドライ	2月	ドライ5.0	
モルト100	4月	ドライ5.5	
オンザロック	4月		
冬物語	10月		
ドラフト	2月	冴	
エクストラドライ	3月		
ハーディ	4月		
(白夜物語)	4月		
クールドライ	5月		
北海道	3月	純生	3.12
		ジアス	4.24
		ビアヌーボー1990	10.25
吟仕込	2月	ビア吟生	2. 5
		ビアヌーボー1991夏	5.23
		(千都麦酒)	7. 2
		ビアヌーボー秋冬醸造	
シングルモルト	2月	ライツ	2. 6
ハイラガー	5月	吟生	2.26
焙煎生	9月	夏の生	5.28
(札幌麦酒醸造所)	3月	ダイナミック	3.17
カロリーハーフ	7月	カールスバーグドラフト	7. 8
初摘みホップ	11月		

年	アサヒ		キリン	
	製品名	発売月・日	製品名	発売月・日
1985（昭和60）	ラスタマイルド		NEWS BEER	5.17
			キリンビールライト	4.18
1986（昭和61）			エクスポート	4. 2
1987（昭和62）	スーパードライ	3月	ハートランド	10.20
	100%モルト			
	クアーズ			
1988（昭和63）	クアーズライト		ドライ	2.22
	バスペールエール		ファインモルト	6.14
			ハーフ&ハーフ	11.16
1989（平成元）	スーパーイースト		モルトドライ	2. 2
	デアレーベンブロイ		ファインドラフト	2.14
	スタインラガー		ファインピルスナー	3. 2
			クール	4.20
1990（平成2）			マイルドラガー	2. 2
			一番搾り〈生〉	3.22
1991（平成3）	Z	3. 5	プレミアム	2.21
	ほろにが	9.20	（浜きりん）	6.14
	スーパープレミアム	11.27	秋味	9.11
	特選素材		ビール工場できたて出荷	
1992（平成4）	ワイルドビート	2. 6	ゴールデンビター	2.14
	（福島麦酒）	7.15	（さきたま便り）	5.18
	オリジナルエール6	10.16	（名古屋工場）	5.22
	正月麦酒	12.15	（コープランド）	6. 3
	フォスターズラガー		（関西風味）	11. 5
			（みちのくホップ紀行）	11.12
1993（平成5）	ピュアゴールド	2. 4	日本ブレンド	2. 4
	（名古屋麦酒）	4.21	（北海道限定生ビール）	6.16
	（江戸前）	9. 3	（北陸づくり）	6.29
			（ブラウマイスター）	10. 7
			冬仕立て	10.21

〈巻末資料〉

1985年以降発売のビール・発泡酒全銘柄

（アサヒ、キリン、サッポロ、サントリー）

本書は日経ビジネス人文庫のために書き下ろされたものです。

nbb
日経ビジネス人文庫

ビール15年戦争《じゅうごねんせんそう》
すべてはドライから始《はじ》まった

2002年8月1日 第1刷発行

著者
永井 隆
ながい・たかし

発行者
喜多恒雄
発行所
日本経済新聞社
東京都千代田区大手町1-9-5 〒100-8066
電話(03)3270-0251 振替00130-7-555
http://www.nikkei.co.jp/pub/
ブックデザイン
鈴木成一デザイン室
印刷・製本
凸版印刷

 ISBN4-532-19139-4